国家林业和草原局普通高等教育“十三五”规划教材
高等院校园林与风景园林专业规划实践教材

盆景学实习实验指导

李庆卫　主编

中国林業出版社
·北京·

内容提要

盆景学是园林、园艺专业本科生的专业选修课，盆景学的教学包括理论和实践两部分。本书是实践教学部分，内容安排注重盆景实践教学的可操作性、知识的系统性、科学性、艺术性，力求重点突出，理论联系实践，旨在培养学生的盆景创作实践能力。内容主要包括树木盆景的风格类型及其材料识别、山水盆景的风格类型及其材料识别、树石盆景的风格类型及其材料识别、桩景创作的基本功训练、树木盆景创作、硬石山水盆景创作、软石山水盆景创作、商品盆景市场调查与树石盆景创作、盆景园和盆景展览、以及2019北京世界园艺博览会精品盆景展览的部分优秀获奖作品。这些内容涵盖了盆景学的基本材料识别、基本知识加深、基本操作技能的训练和创新性实践，既有利于加深盆景学的理论学习，又有利于加深对盆景创新能力的培养。

图书在版编目(CIP)数据

盆景学实习实验指导 / 李庆卫主编. — 北京 : 中国林业出版社, 2019.12
国家林业和草原局普通高等教育"十三五"规划教材　高等院校园林与风景园林专业规划实践教材
ISBN 978-7-5219-0423-9

Ⅰ.①盆…　Ⅱ.①李…　Ⅲ.①盆景-观赏园艺-教学参考资料　Ⅳ.①S688.1

中国版本图书馆 CIP 数据核字(2020)第 001698 号

中国林业出版社·教育分社

策划、责任编辑： 康红梅　　**责任校对：** 苏　梅
电话： 83143551　83143527　　**传真：** 83143516

出版发行　中国林业出版社(100009　北京西城区德内大街刘海胡同 7 号)
E-mail：jiaocaipublic@163.com　电话：(010)83143500
网 站：http://www.forestry.gov.cn/lycb.html
经　销　新华书店
印　刷　北京中科印刷有限公司
版　次　2019 年 12 月第 1 版
印　次　2019 年 12 月第 1 次印刷
开　本　787mm×1092mm
印　张　9.25
字　数　220 千字
定　价　35.00 元

《盆景学实习实验指导》

编写人员

主　　编　李庆卫

编写人员　(按姓氏拼音排序)

李冰冰(河南城建学院)

李　萌(周口梅园)

李庆卫(北京林业大学)

刘　通(北京林业大学)

柳　燕(厦门大学嘉庚学院)

宋　涛(北京林业干部管理学院)

王彩云(华中农业大学)

武荣花(河南农业大学)

杨　平(北京市海淀区圆明园遗址公园管理处)

钟　原(北京林业大学)

朱　军(新疆农业大学)

前　言

Preface

盆景是以植物和山石为基本材料，通过艺术创作和园艺栽培，在盆(或其他器皿)内表现大自然美景的活的艺术品。自然性、艺术性、生命性、浓缩性是盆景的四大属性。自然性是指盆景是人与自然共同创造的特殊艺术，具有自然美；生命性是指盆景是盆栽园艺发展的高级阶段，是一种有生命的艺术品，随着时间的推移和季节的更替，会呈现出不同的状态，其造型具有不稳定性；艺术性是指盆景是一种造型艺术，它可以表达艺术美和人的思想情感，同时还兼有绘画、雕塑等其他造型艺术所不具备的自然神韵和生命特征；浓缩性是指盆景是缩龙成寸的艺术，它的意义正是在于将大千世界浓缩在小盆中。离开了盆(或其他器皿)，就不能称为盆景；离开了小中见大，就偏离了盆景的本质。

盆景是无声的诗，立体的画，活的雕塑品。按照材料与表达主题的不同，中国盆景可以分为树木盆景、山水盆景、树石盆景三大类。中国的树木盆景与盆栽的区别在于，盆栽只是一种栽培形式，而盆景是艺术品，讲究一景二盆三几架。山水盆景不同于石玩，因为石玩、观赏石是没有生命的，而山水盆景一定是有生命的，是自然景观的浓缩。

盆景常用于公园、庭院、宾馆或家庭的客厅、阳台以及家具、书桌等环境的美化，有巨大的社会效益和经济效益。商品盆景必须满足市场的需求，盆景学教学应该进行这方面的训练。

盆景学是园林、园艺专业的一门实践性很强的专业课程，由理论教学与实验(实践)教学两部分构成。实验教学，可以进一步加深学生对课堂理论教学知识的理解，培养学生的空间意识、美学意识，提高学生的实践动手能力，增加学习盆景的兴趣，为盆景产业和园林建设培养人才。

盆景学是一门交叉学科，涉及园艺植物栽培学、美学、文学、雕塑学、陶瓷学、景观地学等相关知识。盆景学课程安排了树木盆景风格类型及其材料识别、山石盆景风格类型及其材料识别、树石盆景风格类型及材料识别 3 个基本识别类实习；安排了桩景基本功训练、树木盆景艺术创作、硬石山水盆景创作、软石山水盆景创作、商品盆景市场调查与树石盆景创作 5 个盆景制作类实验；安排了盆景园和盆景展览 1 个综合性创新性实习。

非常感谢彭春生教授在北京林业大学开创了盆景学教学体系。北京林业大学园林专业为国内首家开设“盆景学”课程的高等园林专业，经过 20 余年的教学实践，根据课程学时的情况，本教材共安排了 10 个实习实验，16 个学时。在实际操作时，要坚持实验的综合性和创新性，提高实践的教学效果。本教材参照了彭春生教授主编的《盆景学》(第4版)及国内外相关文献，还参考和引用了有关盆景大师作品。为了使教材能够覆盖全国高校盆景教育的实际情况，本实践教材由北京林业大学园林学院李庆卫担任主编，邀请了杨平高级工程师、王彩云教授、柳燕教授、李冰冰教授、武荣花副教授、朱军副教授、宋涛副教授、李萌工程师、钟原副教授、刘通讲师等相关教师组成编委会；北京林业大学园林学院研究生毕春竹、逄羽静、禹世豪、李海燕、王静、肖可、何立飞、李悦、耿红凯、任安琪等也参与了本教材部分插图的收集整理和编写工作，在此一并表示感谢。

本教材作为国家林业和草原局普通高等教育"十三五"规划教材、高等院校园林和风景园林专业规划实践教材，在立项和编写过程中得到了北京林业大学园林学院、北京林业大学教务处、中国林业出版社等单位领导的大力支持，在此一并表示感谢。

在编写过程中，力求内容系统完整、训练循序渐进、语言通俗易懂、方法简练实用，能对大学生的盆景实习实验提供切实可行的指导、能对盆景生产者提供借鉴帮助。由于编者实践经验所限，书中缺点和错误在所难免，敬请读者批评指正。

编　者

2019年7月

目 录

Contents

实习1
树桩盆景类型及其材料的识别

一、目的

让学生熟悉各流派树桩盆景的类型、技法特点、代表树种，盆景常见式的特点，掌握盆景材料的识别要点。

二、内容与方法

结合盆景实物或图片，现场讲述传统流派盆景的造型、技法特点以及现代创新流派盆景的造型和技法特点，讲清每个盆景作品所用材料的识别要点及其科属名称，并启发学生归纳出流派的可创性和流派创新的途径。要求学生对现场盆景作品拍照、记录，写出图文并茂的实习报告。

适合制作盆景的树木一般应符合以下标准：树蔸怪异、悬根露爪、枝干耐剪宜扎、枝细叶小、节间短、抗逆性强、病虫害少、耐移栽、最好花果美丽等。

耐剪宜扎：盆景树木需要造型，因此盆景树木的萌芽能力要强，在养坯、制作中必须能够忍耐每年对枝条的连续的重修剪和蟠扎。在耐剪性方面不同树种的反应是有差异的。有的树种，如山毛榉类，反复修剪会削弱其生长势，不耐修剪。对于不耐修剪的树木则不宜用作盆景，至少在盆景制作中要注意少剪或不剪。

节间短：节间短的树木结构紧凑、易于在盆中实现小中见大，这也是盆景所要求的。

枝细叶小：粗枝大叶的树木如毛泡桐、悬铃木、梓树、楸树、黄金树等，其枝叶与小盆景容器不成比例，所以不宜制作盆景。盆景树木叶长一般应在10cm以下，且看上去比较秀丽。

抗逆性强：盆土定容，营养和水分受限，因此，盆景树木应具有一定的抗旱性、耐寒性、耐瘠薄且病虫害少等特点，否则会给养护管理带来很多麻烦。

三、制作盆景常用的植物材料识别

1. 松柏类

松柏类包括松科、金松科、罗汉松科、柏科、杉科、三尖杉科、红豆杉科、南洋杉科。树形多雄伟、刚强、遒劲、粗犷，色彩四季如一，重在表现精神。

(1)云杉

学名：*Picea asperata*

科属：松科云杉属

识别要点：常绿乔木。小枝具有显著叶枕及沟槽，淡黄褐色，常有短柔毛，具白粉。叶针形，针叶先端尖，横切面菱形，灰绿色或蓝绿色。球果下垂，成熟前绿色。

生物学特性及用途：以我国华北山地分布为广，东北的小兴安岭等地也有分布。耐寒、耐阴，喜凉爽湿润的气候和肥沃深厚、排水良好的微酸性砂质土壤。盆栽可作为室内观赏树种，也可制作盆景。

(2)金钱松

学名：*Pseudolarix amabilis*

科属：松科金钱松属

识别要点：落叶乔木。树皮鳞片状开裂，有长短枝。叶线性，扁平，柔软鲜绿，在长枝上螺旋状排列，短枝上轮状簇生，枝条优美，因叶色入秋变金黄色如金钱而得名。

生物学特性及用途：分布于我国长江中下游一带。强喜光，喜温暖多雨气候及酸性土壤。不耐寒。浙江多用作合栽式，也可制作丛林式盆景。

(3)白皮松

学名：*Pinus bungeana*

科属：松科松属

识别要点：高可达30m，有明显的主干。树干不规则包鳞片状剥落后留下大片黄白色斑块，老树树皮乳白色。枝较细长斜展，叶鞘脱落。

生物学特性及用途：喜光树种，耐瘠薄土壤及较干冷的气候；在气候温凉、土层深厚、肥润的钙质土和黄土上生长良好。可用作盆景材料。

(4)马尾松(山松)

学名：*Pinus massoniana*

科属：松科松属

识别要点：常绿乔木。树皮下部灰褐色，上部红褐色，裂成不规则的厚块片。针叶两针一束，细长而软。

生物学特性及用途：分布于我国长江以南各地。强喜光，喜温暖湿润气候、酸性土壤，深根性，生长快。华南常用作盆景。

(5)黑松(日本黑松、白芽松)

学名：*Pinus thunbergii*

科属：松科松属

识别要点：常绿乔木。干皮黑灰色，冬芽灰白。针叶两针一束，粗硬，深绿色。

生物学特性及用途：产于日本，我国华东沿海城市普遍栽培。强喜光，抗海风，适于温暖多湿的海滨生长，山东沿海一带生长旺盛。选用苍劲矮小植株，上盆加工，可制成很好的松树盆景，国内外皆有应用。黑松幼苗是嫁接日本五针松的优良砧木。

(6)锦松

学名：*Pinus thunbergii* var. *corticosa*

科属：松科松属

识别要点：黑松变种。树干木栓质，树皮特别发达并深裂；形态苍老奇特。

生物学特性及用途：是制作桩景的珍贵材料，北京、上海常用。

(7)赤松(日本赤松)

学名：*Pinus densiflora*

科属：松科松属

识别要点：常绿乔木。干皮红褐色，裂成鳞状薄皮剥落。针叶2针1束，短而细软，暗绿色。

生物学特性及用途：产于我国北部沿海山地至东北长白山低海拔处。喜强光，耐瘠薄，不耐盐碱土；深根性，抗风力强。取其植株矮小、姿态优美者，上盆加工，可制作成优良的松树盆景。

(8)黄山松(台湾松)

学名：*Pinus taiwanensis*

科属：松科松属

识别要点：常绿乔木。干皮深灰褐色，裂成鳞状厚块片，冬芽深褐色。针叶2针1束，稍粗硬。

生物学特性及用途：产于我国长江中下游海拔800~1800m酸性土山地，在平原地区生长不良。喜光，喜凉润的气候，耐瘠薄，抗风力极强。是良好的盆景材料。

(9)日本五针松(五针松、五须松)

学名：*Pinus parviflora*

科属：松科松属

识别要点：常绿乔木。小枝有毛。针叶细而短，5针1束。因有白色的气孔带而呈蓝绿色。树枝苍劲古朴，枝叶平展，有如层云簇拥之状，虽老不衰。

生物学特性及用途：产于日本，我国各地有栽培。耐阴，不耐寒，不耐干旱，适生于土层深厚肥沃且排水良好的砂质酸性壤土上。适宜作盆景材料，经艺术加工可形成各种造型。

(10)水杉

学名：*Metasequoia glyptostroboides*

科属：杉科水杉属

识别要点：落叶乔木。大枝不规则轮生，小枝对生。叶扁线形，柔软，淡绿色，对生，呈羽状排列。冬季与无芽小枝俱落。

生物学特性及用途：世界著名古生树种，仅我国川东、鄂西有遗留。喜强光，喜温暖气候及湿润肥沃土壤，较耐寒。用来制作丛林式盆景，别具风韵。

(11)侧柏

学名：*Platycladus orientalis*

科属：柏科侧柏属

识别要点：常绿乔木。小枝片竖直排列。叶鳞片状，先端微钝，对生，两面均为绿色。

生物学特性及用途：产于我国北部，现南北各地普遍栽培。喜光，耐干旱瘠薄和盐碱地，不耐水涝，能适应干冷气候，也能在暖湿气候条件下生长，浅根性，侧根发达。是我国最广泛应用的园林树种之一，常植于寺庙、陵墓地和庭园中，也是优良的盆景材料。

(12)圆柏(桧柏)

学名：*Sabina chinensis*

科属：柏科柏木属

识别要点：常绿乔木。枝条密生。叶二型，幼树常为刺叶；成年树及老树以鳞叶为主，鳞叶先端钝。

生物学特性及用途：产于我国北部及中部，目前各地广为栽培。喜光，幼树稍耐阴，耐寒，耐干旱瘠薄，也较耐水湿，酸性、中性及钙质土上均能生长。可用作桩条、盆景材料。

变种及栽培品种如下。

'龙柏'('Kaizuka')：树态瘦削，呈圆柱形树冠，侧枝短而环抱主干，端梢扭旋上升，如龙舞空，全为鳞叶。

真柏(var. *shimpaku*)：圆柏的栽培变种。匍匐灌木；枝条常弯曲；鳞叶，极少数为刺叶，深绿色。是优良的盆景材料。

偃柏(var. *sargentii*)：匍匐灌木；大枝匍地而生，小枝上升呈密丛状，幼树为刺叶，老树为鳞叶，蓝绿色。产于我国东北张广才岭。各地多用作盆景，尤其上海、杭州一带。修剪切忌过重，否则易生刺叶。

'金叶'桧('Aurea')：鳞叶金黄色。

'鹿角'桧('Pfitzeriana')：树姿优美，枝干斜展。用作桩景，效果甚佳。

以上变种变形均适于作盆景材料，尤其是树干扭曲、势若游龙、姿态古雅、气势雄奇的老桩，更是盆景中的珍品。

(13)铺地柏(爬地柏)

学名：*Sabina procumbens*

科属：柏科圆柏属

识别要点：匍匐灌木。小枝端上升。全为刺叶，3枚轮生，叶背基部常有白点。

生物学特性及用途：喜光树种，能在干燥的砂地上生长良好，喜石灰质的肥沃土壤，忌低温地点。产于日本，我国各地园林常见栽培，是布置岩石园、地被和制作盆景的好材料。

(14)刺柏

学名：*Juniperus formosana*

科属：柏科刺柏属

识别要点：小乔木。小枝下垂。刺叶线形，3叶轮生，翠绿。姿态优美。

生物学特性及用途：广布于我国长江流域及其以南各地。耐寒、耐瘠薄，喜温暖多雨气候及石灰质土壤。树形挺立秀丽，枝叶垂挂，十分雅致，选作盆景材料，再配以山石材料，颇有苍劲高洁之感。

(15)杜松

学名：*Juniperus rigida*

科属：柏科刺柏属

识别要点：小乔木，幼时树冠窄塔形，后变圆锥形。刺叶针形，坚硬而长。

生物学特性及用途：产于我国东北、华北及西北地区。喜光，耐寒，耐干旱瘠薄，适应性强。树形优美，是良好的盆景材料。

(16)罗汉松类

科属：罗汉松科罗汉松属

识别要点：常绿乔木。雌雄异株，同株少见。叶线状披针形，有明显中肋，螺旋状互生。种子核果状，着生于肥大肉质的紫色种托上，全形如披着袈裟的罗汉。

生物学特性及用途：分布于长江以南地区。稍耐阴，不耐寒，多为庭园观赏树，也是制作桩景的好材料。

常见种类、变种类型有：

罗汉松(*Podocarpus macrophyllus*)：为原种。

小叶罗汉松(var. *maki*)：为变种，叶较小。

(17)澳洲杉

学名：*Araucaria heterophylla*

科属：南洋杉科南洋杉属

识别要点：常绿乔木。盆栽树常控制在2m以下，树形端正，树干通直；树皮略灰色，裂成薄片状，新表皮具古铜色光泽。小枝水平伸展或下垂，侧枝轮生，下垂；幼枝及侧生小枝的叶排列疏松，开展，钻形，翠绿色，向上弯曲。大树及花果枝上的叶排列较密，微开展，呈宽卵形或三角状卵形，深绿色。整个树冠层次分明，呈尖塔形。

生物学特性及用途：喜高温高湿和阳光充足的环境，稍耐阴，但不能长期摆放于阴蔽处，夏季高温季节要避免强烈的光照直射，在排水良好、富含腐殖质的微酸性砂质壤土中生长良好。幼树盆栽是珍贵的观叶植物，应用广泛。

(18)福建柏

学名：*Fokienia hodginsii*

科属：柏科福建柏属

识别要点：常绿乔木，树皮紫褐色。小枝扁平，排成一平面，平展。鳞叶大而薄，对生，长4~7mm，上面叶绿色，下面叶有白色气孔群。

生物学特性及用途：生于温暖湿润的山地森林中，较耐阴，适应性强，生长快，抗风能力强，是我国南方重要的用材树种，又是庭园绿化的优良树种。

2. 观姿(杂木)类

盆景行业习惯上将松柏类以外的树种称为杂木类，本教材将松柏以外的观赏姿态为主的树种称为观姿杂木类，简称观姿类。观姿类树木通常枝叶细小，重在观赏树姿，以落叶树种为多，也有常绿树。主要树种有榔榆、雀梅、朴树、黄杨、雀舌黄杨、九里香、博兰、柽柳、小叶女贞、黄荆、榕树、福建茶、对节白蜡、柞木、赤楠。

(1)鹅耳枥

学名：*Carpinus turczaninowii*

科属：榛科鹅耳枥属

识别要点：落叶乔木。小枝有毛，冬芽褐色。单叶互生，卵状或椭圆状卵状披针形，长5~9cm。果序下垂，长7~13cm，先端尖，基部圆形或近心形，缘有重锯齿，表面光亮，背脉有长毛。

生物学特性及用途：产于我国辽宁南部、华北及黄河流域。稍耐阴，喜肥沃湿润的中性及石灰质土壤，也耐干旱瘠薄。枝叶繁茂，叶形秀丽，幼叶亮红色，是制作盆景的好材料。

(2)榔榆

学名：*Ulmus parvifolia*

科属：榆科榆属

识别要点：落叶乔木。树皮鳞片状剥落，斑纹可爱。叶较小而厚，卵状椭圆形至倒卵形，单锯齿，基歪斜。枝态优美，叶小色翠，古雅秀丽。

生物学特性及用途：分布于我国中部及南部各地。喜光，喜温暖湿润气候，耐干旱瘠薄，深根性，萌芽力强。过去从山野选挖榔榆老桩上盆养坯，修剪整形，可制成茎干横斜，枝条虬曲，苍劲多姿的榆树盆景。通过换盆，提根露爪，姿态更为古朴。

(3)光叶榉

学名：*Zelkowa serrata*

科属：榆科榉树属

识别要点：落叶乔木，树皮通常较光滑。小枝紫褐色，无毛。单叶互生羽状脉，叶质地较薄，表面较光滑，亮绿色，叶缘有尖锐单锯齿，尖头向外斜张。

生物学特性及用途：产于我国中部、南部地区。喜光，喜湿润肥土。树形优美端庄，秋叶变黄色、古铜色或红色，是优秀的盆景材料。

(4)朴树

学名：*Celtis sinensis*

科属：榆科朴树属

识别要点：落叶乔木。干皮不裂，小枝幼时有毛。单叶互生，叶卵形或卵状椭圆形，基部不对称，中部以上有浅钝齿，表面有光泽，背脉隆起并有疏毛。果黄色或橙红色，果柄与叶柄近等长。

生物学特性及用途：产于我国淮河流域、秦岭经长江中下游至华南地区。喜光，稍耐阴，对土壤要求不严，耐轻盐碱土，深根性，抗风力强。朴树管理粗放，枝干疏朗挺拔，苍劲古雅，比较适合制作盆景。

(5)桑

学名：*Morus alba*

科属：桑科桑属

识别要点：落叶乔木。小枝褐黄色，嫩枝及叶含乳汁。单叶互生，卵形或广卵形，锯齿粗钝，表面光滑有光泽，背面脉腋有簇毛。

生物学特性及用途：我国南北各地普遍栽培。喜光，适应性强，耐湿，也耐干旱瘠薄，耐轻盐碱，耐烟尘和有害气体，深根性。

栽培变种有'龙桑'('Tortuosa')，枝条龙形扭曲，别具特色。可用于制作盆景。

(6)黄葛树(黄葛榕、大叶榕)

学名：*Ficus virens*

科属：桑科榕属

识别要点：落叶乔木。叶卵状长椭圆形，先端急尖，基部心形或圆形，全缘，侧脉7~10对，坚纸质，无毛；托叶长带形。

生物学特性及用途：产于我国华南及西南地区。喜光，喜暖湿气候及肥沃土壤，生长快，萌芽力强。可用于制作盆景。

(7)榕树(细叶榕、小叶榕)

学名：*Ficus microcarpa*

科属：桑科榕属

识别要点：常绿乔木，多须状气生根。叶互生，叶椭圆形至倒卵形，先端钝尖，基部楔形，全缘，革质，有光泽。

生物学特性及用途：产于我国华南以及印度、东南亚各国至澳大利亚。喜光，喜暖热多雨气候及酸性土壤。悬根露爪，气根高悬，“块根”膨大怪状，枝叶稠密，色翠如盖，蔚为壮观。可用于制作盆景。

(8)龙爪槐

学名：*Sophora japonica* var. *pendula*

科属：豆科槐树属

识别要点：落叶乔木。树皮灰褐色，具纵裂纹。小枝绿色，枝条扭转下垂，树冠伞形，颇为美观。

生物学特性及用途：产于我国北部。喜光，稍耐阴，能适应干冷气候，深根性。可用于制作盆景。

(9)赤楠(山乌珠)

学名：*Syzygium buxifolium*

科属：桃金娘科蒲桃属

识别要点：灌木或小乔木，小枝茶褐色。单叶对生，革质，倒卵状椭圆形，先端钝，基部楔形，全缘，羽状侧脉汇合成边脉。聚伞花序，生于枝顶。

生物学特性及用途：产于我国江南山地，喜温暖湿润气候，较耐阴。可用于制作盆景。

(10)扶芳藤

学名：*Euonymus fortunei*

科属：卫矛科卫矛属

识别要点：常绿藤本；茎匍匐或攀缘，能随处生细根。叶薄革质，叶对生，长卵形至椭圆状倒卵形，缘具粗齿，基部广楔形。

生物学特性及用途：我国华北以南地区均有分布。耐阴，喜温暖，耐寒性不强。叶色油绿，入秋常变红色，有极强的攀缘能力。制作盆景时修剪成悬崖式或垂枝式，十分雅致。

(11)黄杨

学名：*Buxus sinica*

科属：黄杨科黄杨属

识别要点：常绿灌木。枝叶较疏散，小枝及冬芽外鳞均有短柔毛。叶倒卵形，先端圆钝或微凹，仅表面侧脉明显。

生物学特性及用途：产于我国中部及东部地区。较耐阴，有一定的耐寒性，浅根性，耐修剪。是制作盆景的好材料。

(12)雀梅藤(雀梅、对节刺)

学名：*Sageretia thea*

科属：鼠李科对节刺属

识别要点：落叶攀缘灌木。小枝灰色或灰褐色，密生短柔毛，有刺状短枝。单叶近对生，卵状椭圆形，表面有光泽。白花，穗状圆锥花序。

生物学特性及用途：产于我国长江流域及其以南地区。喜光，稍耐阴，喜温暖气候，不耐寒，耐修剪。细心修剪下，屈曲苍劲，小枝纤细，叶色翠亮，姿态优雅，作桩景观赏效果极佳。

(13)黄荆

学名：*Vitex negundo*

科属：马鞭草科牡荆属

识别要点：落叶灌木。小枝四方形。掌状复叶对生，小叶常5枚，间有3枚，卵状长椭圆形至披针形，全缘或疏生浅齿，背面密生灰白色细毛。花冠淡紫，二唇形，成顶升狭长圆锥花序。

生物学特性及用途：常见变种有以下两种。

荆条(*Vitex negundo* var. *heterophylla*)：落叶灌木，小枝四棱。叶对生，具长柄，小叶边缘有缺刻状大齿或为羽状裂，背面灰白色，被柔毛。在我国北方广为分布。喜光，耐寒，耐干旱瘠薄土壤。选其老桩制成盆景颇有风趣。

牡荆(*Vitex negundo* var. *cannabifolia*)：小叶边缘有整齐的粗锯齿，背面无毛或稍有毛。

(14)女贞

学名：*Ligustrum lucidum*

科属：木犀科女贞属

识别要点：常绿乔木。单叶互生，叶卵形至卵状长椭圆形，全缘，先端尖，革质有光泽。花小，白色，顶生圆锥花序。

生物学特性及用途：产于我国长江流域及其以南地区。稍耐阴，喜温暖湿润气候，有一定耐寒性。枝繁叶茂，根蘖性强，选取老根桩，上盆加工造型，可制成树姿古雅、枝叶秀丽、层次分明的观赏盆景。

(15)基及树(福建茶)

学名：*Carmona microphylla*

科属：紫草科基及树属

识别要点：常绿小灌木，枝条密集。单叶互生，或在短枝上簇生，匙状倒卵形，先端圆钝，基部渐狭成短柄。花小，白色。果实红色或黄色。

生物学特性及用途：产于我国广东、海南及台湾。喜光，喜温暖湿润气候，耐半阴，不择土壤，不耐寒，耐修剪。岭南常用，风韵奇特、枝叶翠茂，是制作盆景的上等材料。

(16)博兰

学名：*Ponamella pragiliagagnep*

科属：大戟科博兰属

识别要点：常绿灌木。树皮嶙峋带有斑状，近似老人斑；枝干芽点萌发力强，生长较快，分枝茂盛。叶片近卵形，长2~2.5cm，宽约1.5cm，叶片肉质，表面深绿有光泽，背面淡绿色，苍翠欲滴。

生物学特性及用途：博兰耐旱、耐涝、耐阴能力极强。是海南盆景的代表树种。

(17)柽柳

学名：*Tamarix chinensis*

科属：柽柳科柽柳属

识别要点：落叶乔木或灌木，树皮红褐色。老枝直立，暗褐红色，光亮；幼枝稠密细弱、开展，向下垂，红紫色或暗紫红色。叶互生、细小、鳞片状、鲜绿色，基部背面有龙骨状隆起，常坚薄膜质。

生物学特性及用途：我国东部至西南部各地有栽培。耐高温和严寒；其喜光，不耐阴。耐烈日暴晒，耐旱，耐水湿，抗风，又耐碱土。是最能适应干旱沙漠和滨海盐土生存、防风固沙、改造盐碱地、绿化环境的优良树种之一。

(18)胡椒木(台湾胡椒木)

学名：*Zanthoxylum piperitum*

科属：芸香科花椒属

识别要点：常绿灌木。奇数羽状复叶，叶基有短刺2枚，叶轴有狭翼，小叶对生，倒卵形，革质，叶面浓绿富光泽，全叶密生腺体。雌雄异株，雄花黄色，雌花橙红色。果实椭圆形，绿褐色。胡椒木与清香木相似，容易被人混淆。主要区别有以下几点：①清香木为漆树科黄连木属，常绿灌木或小乔木；②胡椒木为奇数羽状复叶，小叶对生；清香木为偶数羽状复叶，小叶互生；③果实：胡椒木果实绿褐色；清香木果实红色。

生物学特性及用途：我国长江以南地区常作地被用。生长慢，耐热，耐旱，耐寒，耐修剪。是良好的盆景材料。

3. 观花类

以观花为重点，兼观树姿。主要树种有梅花、蜡梅、紫薇、海棠花、垂丝海棠、西府海棠、贴梗海棠、杜鹃花、茶梅、山茶花、杜英、六月雪(满天星)、玉兰、紫玉兰、桂花、瑞香、红花檵木、紫荆、碧桃、樱花、三角花、迎春花、金雀花(锦鸡儿)、梔子花、流苏树。

(1)梅

学名：*Prunus mume*

科属：蔷薇科李亚科李属

识别要点：落叶小乔木。小枝细长，绿色光滑。叶卵形或卵圆形，先端尾尖；叶柄有腺体。花粉红、白色、红色，早春叶前开放，芳香。果熟黄色，果核有蜂窝状小孔。

生物学特性及用途：产于我国西南地区。喜温暖湿润气候，耐寒性不强，较耐干旱，不耐涝。我国著名观花树种，色、香、姿、韵俱全。选取老桩制作盆景，配以紫砂盆，别具风采。

(2)贴梗海棠

学名：*Chaenomeles speciosa*

科属：蔷薇科木瓜属

识别要点：落叶灌木。枝开展，光滑，有枝刺。单叶互生，长卵形至椭圆形，缘有锐齿。花多为红色。

生物学特性及用途：产于我国长江流域各地。喜光，耐寒，喜肥沃而排水良好的土壤。树姿优美，花色艳丽，是良好的观花盆景材料。

(3)木瓜海棠

学名：*Chaenomeies cathayensis*

科属：蔷薇科木瓜属

识别要点：落叶灌木至小乔木。枝近直立，具短枝刺。叶长椭圆形至披针形，缘具芒状细尖齿，表面深绿而有光泽，背部幼时密被褐色绒毛，叶质较硬。

(4)蜡梅

学名：*Chimonanthus praecox*

科属：蜡梅科蜡梅属

识别要点：落叶灌木。小枝近方形。单叶对生，卵状椭圆形至卵状披针形，全缘，半革质而较粗糙。花被片蜡质黄色，具浓香，1~3月开花，为冬季良好的香花树种。

生物学特性及用途：产于我国中部地区。耐旱，忌涝，耐剪。为传统的观花盆景材料。

(5)紫藤

学名：*Wisteria sinensis*

科属：蝶形花科紫藤属

识别要点：落叶缠绕大藤木，茎左旋。奇数羽状复叶，小叶7~13枚，卵状长椭圆形，先端渐尖。花茎紫色，下垂，有香味。

生物学特性及用途：我国南北各地均有分布，广为栽培。喜光，耐旱，忌涝，适应性强。紫藤枝叶茂密，春天先叶开花，穗大而美，芳香袭人，为传统的盆景材料。

(6)金银花

学名：*Lonicera japonica*

科属：忍冬科忍冬属

识别要点：半常绿缠绕藤本。小枝中空，有柔毛。叶对生，卵形或长椭圆状卵形。花成对腋生，由白变黄，芳香。

生物学特性及用途：我国南北各地均有分布。性强健，喜光，也耐阴，耐寒，耐干旱和水湿，对土壤要求不严。挖根上盆，枝条细柔，蟠扎造型，花朵白黄，为常见的盆景植物材料。

(7)檵木

学名：*Loropetalum chinense*

科属：金缕梅科檵木属

识别要点：常绿灌木或小乔木。小枝、嫩叶及花萼均有锈色星状短柔毛。单叶互生，卵形或椭圆形，先端短尖，基部不对称，全缘。花瓣4枚，黄白色，带状线性，5月开花。

生物学特性及用途：喜光，稍耐阴，但阴时叶色容易变绿，适应性强，耐旱。为优良

的盆景材料。

红花檵木(var. *rubrum*)是檵木的栽培变种。叶革质互生，全缘，暗红色。花瓣4枚，紫红色，线形，长1~2cm，3~8朵簇生在总梗上呈顶生头状花序；花期4~5月，花期长30~40d，国庆节能再次开花。蒴果褐色，近卵形。

(8)山茶

学名：*Camellia japonica*

科属：山茶科山茶属

识别要点：常绿乔木或灌木，全株均无毛。果实大。单叶互生，叶椭圆形或倒卵形，表面暗绿而有光泽，缘有锯齿。花单生，美丽，大型；花喇叭状，雄蕊长，筒状。

生物学特性及用途：我国东部及中部地区栽培较多。喜半阴，喜温暖湿润气候，有一定的耐寒能力，喜肥沃湿润而排水良好的酸性土壤。著名的观赏花木，是珍贵的观花盆景材料。

(9)茶梅

学名：*Camellia sasanqua*

科属：山茶科山茶属

识别要点：该种叶似山茶(但比山茶的叶片小)，花如梅(有香味)而得名。嫩枝嫩叶叶柄均有毛。叶革质，椭圆形，上面发亮，下面褐绿色；边缘有细锯齿。花苞片及萼片被柔毛，大小不一；直径4~7cm，苞片及萼片6~7枚，被柔毛。蒴果球形，果实小，种子褐色，无毛。

生物学特性及用途：喜温暖湿润，喜光，稍耐阴，忌强光，喜微酸性土壤。茶梅可盆栽，摆放于书房、会场、厅堂、门边、窗台等处，增添雅趣和异彩。

(10)杜鹃花

学名：*Rhododendron simsii*

科属：杜鹃花科杜鹃花属

识别要点：多数为灌木，罕为小乔木。枝叶及花梗均密被黄褐色粗状毛。叶长椭圆形，先端锐尖，基部楔形。

生物学特性及用途：产于我国长江流域及其以南各地山地。喜半阴，喜温暖湿润气候及酸性土壤，不耐寒。中国十大名花之一，是优良的观花盆景材料。

(11)九里香

学名：*Murraya exotica*

科属：芸香科九里香属

识别要点：常绿灌木或小乔木，多分枝。奇数羽状复叶互生，小叶5~7(9)，倒卵形至倒卵状椭圆形，全缘，表面深绿有光泽，较厚。花白色，芳香。

生物学特性及用途：我国华南及西南地区有分布。喜温暖、喜光。常盆栽观赏或用作盆景材料。

(12)迎春

学名：*Jasminum nudiflorum*

科属：木犀科茉莉属

识别要点：落叶灌木。小枝细长呈拱形，绿色，四棱。三出复叶对生，叶不光滑有腺点。花黄色，单生，早春叶前开花。

生物学特性及用途：产于我国西北及西南各地。喜光，稍耐阴，颇耐寒。是优美的观花盆景材料。选取老桩，枝条拱垂，花缀枝头，翠蔓临风，别具风趣。

(13) 络石

学名：*Trachelospermum jasminoides*

科属：夹竹桃科络石属

识别要点：常绿藤本。茎赤褐色，幼枝有黄柔毛，借气根攀缘。单叶对生，椭圆形至披针形，全缘，革质。白花芳香，花冠高脚碟状，形如风车。

生物学特性及用途：产于我国长江流域及东南各地。耐阴，喜温暖湿润气候，耐寒性不强。叶色浓绿，经冬不凋，白色繁密，且具芳香，用于山水盆景绿化点缀，优美自然。

(14) 栀子花(黄栀子)

学名：*Gardenia jasminoides*

科属：茜草科栀子花属

识别要点：常绿灌木，小枝绿色。单叶对生或3枚轮生，倒卵状长椭圆形，全缘，革质而有光泽。花冠白色，高脚碟状，先为洁白，落前变黄，芬芳扑鼻。

生物学特性及用途：产于我国长江以南至华南地区。喜光，也耐阴，喜温暖湿润气候及肥沃湿润的酸性土，不耐寒。有名的香花观赏树种。枝繁叶茂，浓翠如盖，白花如雪，香气袭人，南方多用作盆景材料。

(15) 虎刺(伏牛花)

学名：*Damnacanthus indicus*

科属：茜草科虎刺属

识别要点：常绿小灌木。小枝平展密生，托叶刺对生。叶卵形，表面有光泽。初夏开白色花，核果殷红。

生物学特性及用途：产于我国长江以南及西南地区。喜湿耐阴，畏烈日暴晒。绿叶红果，经冬不落，是良好的盆景材料。

(16) 紫薇(痒痒树、百日红)

学名：*Lagerstroemia indica*

科属：千屈菜科紫薇属

识别要点：落叶小乔木。树干薄片剥落后特别光滑，黄褐色。小枝四棱状。叶近对生或上部互生，叶椭圆形或卵形，全缘；近无柄。花亮粉红至紫红色，呈顶生圆锥花序。

生物学特性及用途：产于我国华东、中南及西南各地。喜光，有一定的耐寒能力。紫薇姿态优美，花美丽且花期长，是观花盆景的上品。

(17) 三角梅

学名：*Bougainvillea spectabilis*

科属：紫茉莉科叶子花属

识别要点：木质藤本状灌木。茎有弯刺，并密生柔毛。单叶互生，卵形全缘，被厚绒毛，顶端圆钝。花很细小，黄绿色，3朵聚生于3片红苞中，外围的红苞片大而美丽，有

鲜红色、橙黄色、紫红色、乳白色等，被误认为是花瓣，因其形状似叶，故又名“叶子花”。花期可从 11 月起至次年 6 月。

生物学特性及用途：原产热带美洲。性喜温暖、湿润的气候和阳光充足的环境。中国南方栽培供观赏。冬春之际，姹紫嫣红的苞片展现，给人以奔放、热烈的感受，因此又得名贺春红。可用作盆栽、盆景。

(18) 六月雪

学名：*Serissa japonica*

科属：茜草科六月雪属

识别要点：常绿小灌木，高可达 90cm，有臭气。叶革质，柄短。花单生或数朵丛生于小枝顶部或腋生，花冠淡红色或白色，花柱长突出，花期 5~7 月。

生物学特性及用途：产于我国江苏、安徽、江西、浙江、福建、广东、广西、四川、云南、香港。畏强光。喜温暖气候，也稍能耐寒、耐旱。喜排水良好、肥沃和疏松的土壤，对环境要求不高，生长力较强。是制作微型盆景或提根式盆景的优良材料。

4. 观果类

采用观果类树种为材料，以果实为观赏重点，兼观花、观姿态。主要树种有火棘、石榴、枸骨、虎刺、胡颓子、老鸦柿、金弹子(瓶兰花)、水杨梅、南天竹、山楂、小檗、枸杞、日本木瓜、木瓜、苹果、海棠果、柿、平枝栒子等。

(1) 火棘

学名：*Pyracantha fortuneana*

科属：蔷薇科火棘属

识别要点：常绿灌木。枝拱形下垂。叶常为倒卵状长椭圆形，先端圆或微凹，锯齿疏钝。

生物学特性及用途：产于我国东部、中部及西南部地区。喜强光、耐贫瘠，抗干旱，耐寒。夏日白花满枝，入秋红果累累，经久不凋，颇为美观，是观果盆景之良材。

(2) 石榴

学名：*Punica granatum*

科属：石榴科石榴属

识别要点：落叶灌木或小乔木，枝常有刺。单叶对生或簇生，长椭圆状倒披针形，全缘，新叶红色。花通常朱红色，单生枝顶，花萼钟形。

生物学特性及用途：产于伊朗和阿富汗等中亚地区，现黄河流域及其以南地区有栽培。喜光，喜温暖气候，有一定的耐寒能力，喜肥沃湿润而排水良好的土壤。花红似火，秋季果实累累，是观花、观果盆景的优良材料。

(3) 胡颓子

学名：*Elaeagnus pungens*

科属：胡颓子科胡颓子属

识别要点：常绿灌木。小枝有锈色鳞片，刺较少。单叶互生，叶椭圆形，全缘而常波状，革质，有光泽，下面银白色并有锈褐色斑点。花银白色，芳香。红果美丽。

生物学特性及用途：产于我国长江中下游及其以南各地。喜光，耐半阴，喜温暖气候，对土壤适应性强，耐干旱，也耐水湿。可用于制作盆景。

(4) 老鸦柿

学名：*Diospyros rhombifolia*

科属：柿树科柿树属

识别要点：落叶灌木，枝有刺。叶卵状菱形至倒卵形。花白色，单生叶腋。果单生，卵球形直径为2cm，嫩时黄绿色，有柔色，后变橙黄色，熟时橘红色，有蜡质光泽。花期4~5月，果期9~10月。

生物学特性及用途：产于我国东部。喜温暖、喜光，适应性强。是观果的优良盆景材料。

(5) 金弹子(瓶兰花)

学名：*Diospyros cathayensis*

科属：柿树科柿树属

识别要点：半常绿灌木或小乔木。因根、枝、干均为乌黑色，故重庆称其为黑塔子。枝细长，直生，有短柔毛。叶长椭圆状披针形，先端钝圆，基部楔形。花形如翻口卷边的玻璃花瓶，其香似兰花，因此，成都也称其为瓶兰花。果梗细长，经冬不落，色形美丽，故名金弹子。

生物学特性及用途：产于湖北、湖南、四川及广东等地。喜光，耐寒性不强，耐旱。四川盆景代表树种，良好的观果盆景材料。

(6) 金柑(金橘)

学名：*Fortunella japonica*

科属：芸香科金柑属

识别要点：常绿小乔木。枝偶有翅。叶卵状披针形或长椭圆形，叶中部以上有疏浅齿或全缘。果倒卵形，黄绿色。

生物学特性及用途：产于浙江，宜作观果盆景。

(7) 水杨梅

学名：*Adina rubella*

科属：茜草科水团花属

识别要点：落叶灌木，小枝有柔毛。单叶对生，卵状椭圆形至卵状披针形。小花紫红色，密集呈球形头状花序。

生物学特性及用途：产于长江以南各地。生于溪边、河边、海滩等湿润地区。树姿优美、花丰秀丽，可用作盆景材料。

(8) 南天竹

学名：*Nandina domestica*

科属：南天竹科南天竹属

识别要点：常绿灌木，丛生而少分枝。2~3回羽状复叶互生，小叶椭圆状披针形，长3~10cm，全缘，两面无毛，冬天叶色变红。花小，白色，呈顶生圆锥花序。浆果球形，鲜红色。

生物学特性及用途：各国广为栽培。喜光，也耐阴，喜温暖湿润气候，耐寒性不强，是石灰岩钙质土指示物种。是赏叶观果佳品，可用于制作盆景。

(9) 山楂

学名：*Crataegus pinnatifida*

科属：蔷薇科山楂属

识别要点：落叶乔木。树皮粗糙，暗灰色或灰褐色；刺长 1~2cm，有时无刺。叶片通常两侧各有 3~5 个羽状深裂片，上面暗绿色有光泽。伞房花序，花瓣白色。果实近球形或梨形，直径 1~1.5cm，深红色，有浅色斑点。花期 5~6 月，果期 9~10 月。

生物学特性及用途：山楂适应性强、喜凉爽、湿润的环境，既耐寒又耐高温，在 -36~43℃之间均能生长。是优良的观果盆景材料。

(10) 海棠果

学名：*Malus prunifolia*

科属：蔷薇科山楂属

识别要点：小乔木。小枝粗壮，圆柱形，嫩时密被短柔毛，老枝无毛。单叶互生，叶片卵形或椭圆形。伞房花序近顶生，花白色，微香，花药黄色；花梗长 1.5~4cm。果圆球形，直径约 2.5cm，成熟时红色或黄色。花期 3~6 月，果期 9~11 月。

生物学特性及用途：耐干旱、盐碱、贫瘠，抚风性强。可作观果盆景材料。

5. 观叶类

观叶类以叶色、叶形为观赏重点，兼观树姿。主要树种有鸡爪槭、三角枫、银杏、卫矛、小檗、景天树(玉树)、竹类、凤尾竹。

(1) 苏铁

学名：*Cycas revoluta*

科属：苏铁科苏铁属

识别要点：茎柱状，不分枝。大羽状复叶集生茎端；小叶线性，硬革质，边缘显著反卷，背面有疏毛。

生物学特性及用途：产于我国福建沿海低海拔山区及其邻近岛屿。喜温暖湿润气候及酸性土壤，不耐寒，生长甚慢，寿命长。可制作盆景。

(2) 黄栌

学名：*Catinus coggygria*

科属：漆树科黄栌属

识别要点：落叶小乔木。枝红褐色。单叶互生，卵圆形至倒卵形，全缘，先端圆或微凹，侧脉二分叉。花小，黄色，顶生圆锥花序。

生物学特性及用途：产于山东、河北、河南、湖北西部及四川。喜光，也耐半阴，耐寒，耐干旱瘠薄和碱性土壤，不耐水湿，宜植于土层深厚、肥沃而排水良好的砂质壤土中。叶片秋季变红，鲜艳夺目，是重要的观叶盆景材料。

(3) 槭树类

科属：槭树科槭树属

识别要点：落叶乔灌木。叶对生，单叶或复叶。花单性或杂性，翅果，成熟时由中间裂开，每瓣有 1 粒种子。常用作盆景材料的有：

元宝枫(*Acer truncatum*)：落叶乔木。叶掌状5裂，裂片较宽，先端尾状锐尖，叶基部常心形，最下部2裂片不向下开展，但有时可裂出2小裂片而成7裂。果翅较长。产于我国东北、华北至长江流域。喜温凉湿润气候及雨量较多地区，稍耐阴。秋叶变亮黄色或红色。

三角枫(*Acer buergerianum*)：落叶乔木。树皮长片状剥落，叶3裂，裂片向前伸，果翅展开呈锐角。产于我国东部及中南部。喜温暖湿润气候，稍耐阴，较耐水湿，耐修剪。秋叶暗红或橙色，颇为美观。

鸡爪槭(*Acer palmatum*)：落叶灌木或小乔木。枝细长光滑。叶掌状5~9深裂，裂片卵状披针形，先端尾状尖，缘有重锯齿。果翅展开呈钝角。广布于我国长江流域。喜温暖湿润气候，耐寒性不强。树姿优美，叶形秀丽，秋叶红色或古铜色，为优良的观叶盆景材料。其品种有：'红枫'('Atropurpureum')，叶常年红色或紫红色，5~7深裂，枝条也常紫红色；'羽毛枫'('Dissectum')，叶深裂达基部，裂片狭长且又羽状细裂，秋叶深黄至橙黄色，树冠开展而枝略下垂；'红羽毛枫'('Dissectum Ornatum')，叶形同羽毛枫，叶常年古铜色或古铜红色。

(4)佛肚竹

学名：*Bambusa ventricosa*

科属：禾本科孝顺竹属

识别要点：秆二型。正常秆高，节间长；畸形秆粗矮，节间短，下部节间膨大，状如花瓶。

生物学特性及用途：产于福建、广东。性喜温暖、湿润，不耐寒。常用作盆栽、盆景，制作盆景、多采用丛林式，以表现竹林的自然风韵。

四、盆景传统流派的造型、技法特点

中国盆景传统流派有苏派(图1-1)、扬派(图1-2)、川派(图1-3)、通派(图1-4)、岭南派(图1-5)、海派(图1-6)、浙派(图1-7)、徽派(图1-8)、闽派(图1-9)、滇派(图1-10)、中州派(图1-11)。

六台三托一顶

圆片式

图1-1　苏派盆景

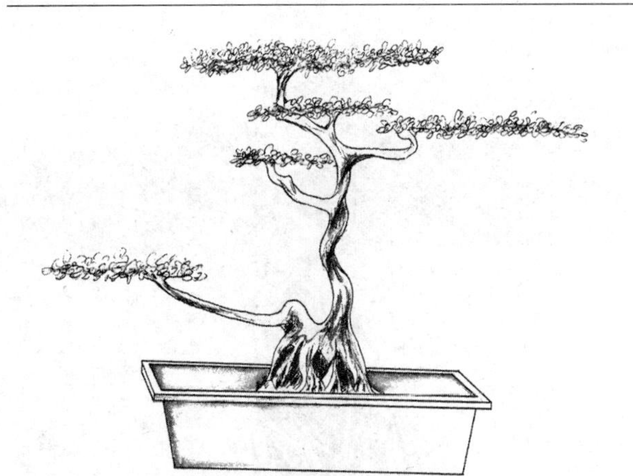

图1-2 扬派盆景(巧云式)

图1-3 川派盆景(直身逗顶三干)

图1-4 通派盆景(鞠躬式)

图1-5 岭南派盆景(大树形)

图1-6 海派盆景(自然形)

图1-7 浙派盆景(高干合栽式)

图 1-8　徽派盆景(游龙式)

图 1-9　闽派盆景

图 1-10　滇派盆景(书法盆景)

图 1-11　中州派盆景

(一)苏派

1. 形成与发展

苏派是以苏州命名的盆景艺术地方流派，它以苏州为中心，作者群分布地域还包括常熟、无锡、常州等地。

苏州盆景历史悠久，名家辈出，是我国盆景艺术发展最早的地区之一。苏派盆景形成与发展具备天时、地利、人和等有利条件。

自然条件：苏州位于长江下游，北靠长江，南临太湖，自然景色优美、园林景观发达，给苏州盆景创作提供了最好的范本。苏州属亚热带季风气候地区，气候温和湿润，降雨充沛，水网密布，丘陵地貌，可供盆景制作的植物材料极其丰富，盆景石料多样，如太湖石、昆山石、钟乳石、砚石、砂积石等。此外，水陆交通便利也是苏州盆景得以发展一个重要因素。

历史条件：从吴越春秋以来，苏州一直是我国著名的历史文化名城。历史上此地的官僚盐商们一方面兴造园林，另一方面热衷于玩赏盆景，盆景历史氛围浓厚。

文化条件：苏州自唐以来就是文人荟萃、诗文书画蜚声全国的地方。著名人物在三国时期有陆逊，晋代有陆机、陆云，盛唐时期有韦应物、白居易、刘禹锡。白居易在苏州做太守时，就有咏假山的诗篇，诗中所描写的情景就是山水盆景。晚唐有陆龟蒙、皮日休等文学家，宋元之后诗人文豪为数更多。他们留下的大量诗文正好成了盆景艺术家为此立意的借鉴。历代画家们笔下的画意，也是苏州盆景中要刻意表现的主题。对苏州盆景影响颇大的是明代的沈周、文徵明、唐伯虎、仇英四大画家。他们当时的画风被后人称为“吴门画派”，苏州盆景在其影响下，更显示出独树一帜的艺术风格。江南一带出现不少造园名手，如明代有张南阳、计成等，清代有张涟、张然、戈裕良、石涛等。苏州园林是苏州盆景的模本，苏州盆景是苏州园林的小样。

苏州临近盆器著名产地宜兴，古朴雅致的紫砂陶盆也使苏州盆景如虎添翼。发展到清代，苏州盆景已极为盛行。近几十年来，苏州盆景有了新的发展。苏州现代派盆景代表人物周瘦鹃、朱子安等人提倡盆景以自然为美，反对矫揉造作。

2. 艺术特色

苏派古典盆景造型最常见的是“六台三托一顶”。所谓“六台三托一顶”，即将树干弯成六曲，左右互生6个圆片，称为六台，后面空处扎成3个圆片，称为三托，最后在上边来个圆顶。正好十片，即“十全十美”。完成一件作品，需10年左右，目前已很少见。苏派现代盆景造型是馒头状“圆片”。

3. 制作技法

用棕丝进行蟠扎，粗扎细剪，以剪为主，以扎为辅的整形方法。

“S”形全扎法：采用树苗作材料，从树干到枝条全部进行蟠扎。台指主干两边的枝片，托指主干后侧的枝片，顶是主干顶部的枝片。全扎法蟠扎顺序为：先扎主干，后扎枝片。主干从下部向上扎，扎前必须先确定树桩的观赏面，然后根据树桩的自然姿态，确定盆景的艺术造型。全扎法的式样有蟠曲式、卧干式、悬崖式等。

半扎法：挖掘野桩的主干已定型，不宜做弯曲蟠扎，只能根据桩干的自然姿态，确定造型式样，仅对枝条进行蟠扎，即半扎法。

棕丝蟠扎主要是掌握蟠棕的着力点，粗细选择要适当。常用的枝法是攀、吊、拉、扎四法。攀是将直生或直斜状的枝条向下攀至水平状；吊是将下垂枝向上吊至水平状；拉是将水平状枝按造型要求向左右移动；扎是将主干扎成直状螺旋扭曲成“S”形，或将水平状直枝扎成立状螺旋扭曲“S”形，或将水平状直枝扎成“S”状平面。而每干每枝扎弯的弧度，全弯以 150°为佳，半弯以<90°为佳，全弯决不能≥180°。

4. 苏派盆景常用树种

苏派盆景常用的树种有榔榆、雀梅、三角枫、石榴、梅、黄荆、黄杨、虎刺、六月雪、五针松、黑松、圆柏等。

（二）扬派

1. 形成与发展

扬派是以扬州命名的盆景艺术地方流派，其作者群分布中心在扬州，还有泰州、泰兴、兴化、高邮、东台、盐城、宝应等地。其风格突出表现在云片造型上。

扬州位于长江与大运河交汇处，气候宜人，四季分明，经济繁荣，文化发达，富商大贾、官僚地主则附庸风雅，广筑园林，大兴盆景。有许多著名诗人、画家曾云集于此，如清代的石涛和“扬州八怪”等。

相传扬州盆景在唐代就开始流传，宋代已将赏石渍以盆水，明代开创新风格，已采用扎片的造型方法，至清代盛行一时。20 世纪 50 年代后，扬州盆景得到了新的发展，扬州盆景艺人万觐堂、泰州盆景艺人王寿山等继承和发扬了扬派的传统技艺，保留了具有特色的典型珍品，还涌现出了徐晓白、万觐堂、韦金生、赵庆泉、林凤书、万瑞铭等一批盆景艺术大师。

2. 艺术特色

传统造型：受中国画论“枝无寸直”的影响形成扬派的“寸枝三弯”的技法，典型造型是将枝片扎成极薄的“云片”，将主干扎成游龙弯状，侧重“层次分明，严整平稳”的装饰美（图 1-12）。当前发展的创新造型淡化“游龙弯”造型，发扬“云片”个性。常见的有台式、巧云式、悬崖式（挂口式）、过桥式、根连式、提根式、垂枝式、三弯五臂式、直干式、卧干式、丛林式（合栽式）、疙瘩式、顺风式、提篮式、象形式等。

根连式又可分为天然根连树木造型、人为压条根连造型两种。人为压条根连造型与过桥造型的区别在于用根茎处枝条压条，待压条萌生 3~5 枝干，达到一定粗度后再扎片造型，但是露根不提根，犹如独木成林（图 1-13）。

三弯五臂式多用于碧桃、梅花盆景造型（图 1-14、图 1-15）。每年 3 月 20 日之前，选用 2 年生苗木斜栽于盆中，然后对树木造型，将主干蟠扎成 3 个弯，主干上共着生 5 个枝条，其中 1 个枝条着生于主干的顶端，枝条横向生长，扎 3 个弯，主干的第 3 个弯的上部和下部主干上分左右两侧各着生 2 个枝条，每个枝条做 2~3 弯。

3. 制作技法

棕丝蟠扎，精扎细剪。采取“一寸三弯”手法，将枝叶蟠扎而成“云片”，将枝干剪扎成“游龙弯”，形成地方风格。

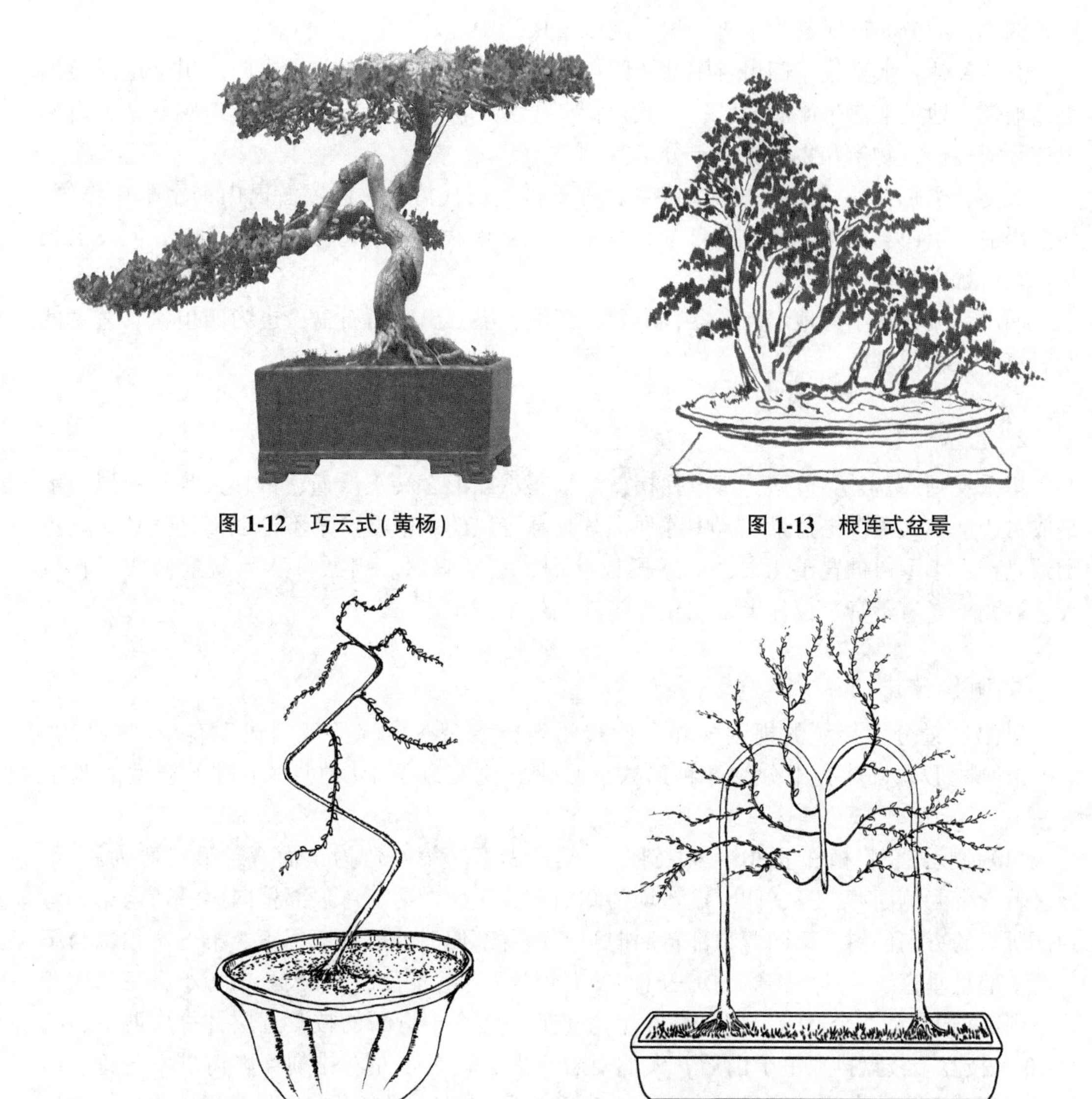

图1-12　巧云式(黄杨)

图1-13　根连式盆景

图1-14　三弯五臂式造型

图1-15　提篮式盆景造型

4. 常用树种

扬派盆景常用树种有圆柏、五针松、榔榆、黄杨、黑松、罗汉松、矮紫杉、刺柏、银杏、榆树、碧桃、梅、迎春、六月雪、雀梅、虎刺等。

(三)川派

1. 形成与发展

川派是以四川命名的盆景艺术地方流派。川派中又可分川西、川东两个小艺术流派，

川西的作者群分布以成都为中心，川东则以重庆为中心。

自然条件：成都位于四川省中部，四川盆地西部，地处川西北高原向四川盆地过渡的交接地带，地处亚热带湿润地区，气候独特，土壤肥沃，降水丰沛，地形地貌复杂，自然生态环境多样，物产和生物资源十分丰富。

历史、文化条件：成都一向以诗乡著称于世。历代诗人、画家游巴山蜀水赋诗作画，如白居易、李白、杜甫等。重庆自古是商业都市，其盆景艺术起初受成都影响，但发展很快，在川派中独树一帜。

四川荣昌、崇宁等地出产陶盆，广元、江油、灌县出产凿石盆，也为四川盆景艺术的发展奠定了物质基础。

2. 艺术特色

川派规则式盆景类造型，弯弯拐拐，悬根露爪，形态端正严谨、古朴典雅，所以一般是成对造型。大型古桩盆景在园中陈列，颇具高雅风韵；中型盆景不论在何处摆放，均感幽致风雅；小型树桩置于几案，更感挺拔壮丽、苍意森翠。川派自然类盆景格式变化较大，讲究桩老、干奇、枝片丰富、枝骨粗壮、悬根露爪。

3. 制作技法

川派盆景分为传统的规则式和自然式两类造型。在传统类规则式中有10种身法，3式5种枝形。自然类中分为4种形式。规则式则有以下10种身法(树干造型的基本方法)。

(1)掉拐式：将植株呈30°~40°斜栽，然后做弯，第一弯为正面弯，第二弯为斜弯，通过斜弯变为侧面弯，三、四、五弯均为侧面弯。正面看第三弯顶部稍向第一弯与第一弯顶部所指的方向偏斜，第四弯顶部转回向第一弯背部偏斜，第五弯回正。第五弯顶部与第一弯基部呈垂直线。即“一弯二拐三出四回五镇顶”。正面看“一弯大，二弯小，三湾四弯看不到”。通常蟠5个弯子，偶有蟠6个弯子的。蟠5个弯子的枝盘五层，每层两盘，共计10个枝盘。枝盘排在主干前后，人们对着它看，枝盘是左右排列。以树桩本身论，前足盘在第一弯顶上出盘，后足盘在弯颈上出盘(图1-16)。常有意在后足盘以上主干上边选一粗壮枝条，立蟠两个弯子后转蟠成枝盘，称为“后带子”，以显示树桩雄伟壮观，称为“立马望荆州”，其余枝盘都在扎捆主干处上下出盘。前后足盘合计的长度不能超过主干的高度。枝盘越上层越短。不论枝盘基部生长高低，要做到盘端距离一致或基本一致。从正面看，主干呈两个弯形，第一个弯为一个小弯，第二到五弯为一个大弯。成都多见此种造型。

(2)接弯掉拐式：对于主干粗大已不能蟠弯的植株，在大批量生产时，将主干上端锯截，只留基部30~40cm高度，将植株掘起看根的形态，使蟠成后的悬根能成为鹰爪形为佳。将植株斜栽，斜度为50°~60°，其粗壮的斜栽干，等于弯子的1/2。待枝条发出后，选择一粗壮枝条蟠作主干，着手以侧面现弯进行蟠扎，从正面看配合下半部成为一个整弯子，其余与掉拐法相同(图1-17)。对园内因人为、虫害或自然灾害折断的老桩，用此造型可以变废为宝。

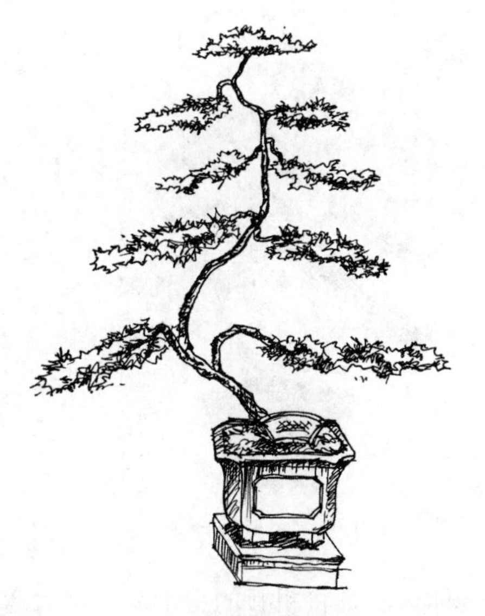

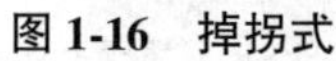

图 1-16 掉拐式

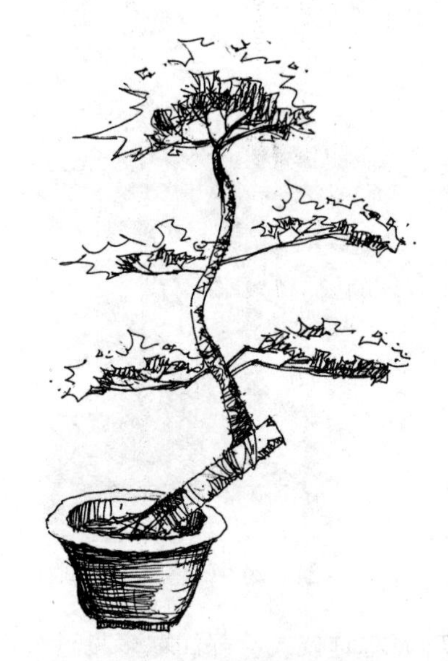

图 1-17 接弯掉拐式

(3)对拐式：只将主干来回弯曲，一般蟠 5~6 个弯子，也可蟠 8~9 个弯子。每个弯子一层枝盘，都是在扎捆处上下出盘(图 1-18)。简单成对摆设在厅前门前。

(4)方拐式：郫县多见这种造型。它与对拐法相似，只是弧形弯变为“弓”字形的方形弯而已。枝盘六层，仍是弧形弯，必须在弯角处出枝盘(图 1-19)。

图 1-18 对拐式

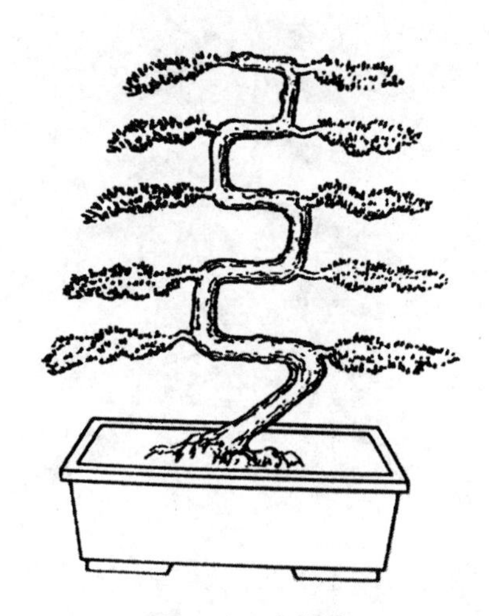

图 1-19 方拐式

(5)三弯九道拐式：崇州多见这种造型。主干正面看是 3 个弯，侧面看为 9 个弯，故名三弯九倒拐(图 1-20)。

(6)滚龙抱柱式：第一弯和第二弯与掉拐法相同，第三弯就不同了，不回曲，而是盘旋而上，棕丝都是搭于下一弯顶端扎栓处的下端 1/3 左右，整个主干蟠成螺旋状(图 1-21)。

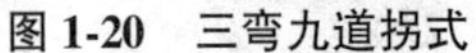

图 1-20　三弯九道拐式

图 1-21　滚龙抱柱式

(7)大弯垂枝式：都江堰多见这种造型。具体做法是将粗壮的主干蟠一个大弯，蟠扎好后将弯顶以上的主干锯除，所有枝条全部剪去。然后在弯前、弯背和弯顶用另外的植株靠接。弯前、弯背处用倒接法使枝条呈下垂状，所选用来嫁接的枝条在靠接前后都应能蟠扎 4~5 个层面。待靠接枝条成活后将砧木从嫁接处锯除(图 1-22)。

(8)直身加冕式：大树的粗干不能蟠扎，在顶上生长的枝条必须有能蟠扎 2~4 个层面的主干的植株可以采用此法(图 1-23)。

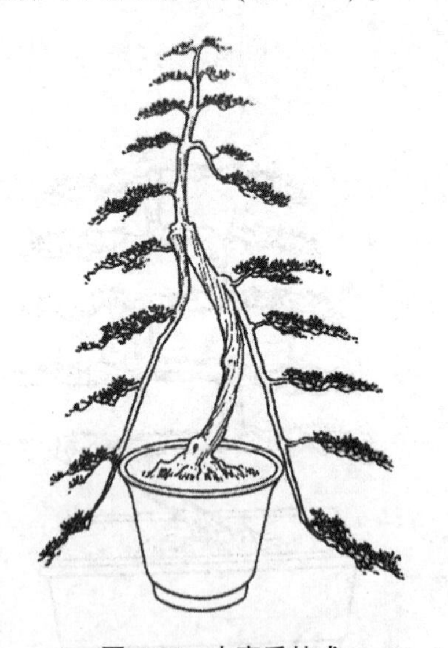

图 1-22　大弯垂枝式

图 1-23　直身加冕式

川派规则式盆景树干造型的制作注意事项：运用掉拐、三弯九倒拐和大弯垂枝法时，树干下部基本都是一个大弯，大弯的高度与整个树桩的高度之比通常为 1：2，在直身加冕身法中，粗树干的高度为总树高的 1/2~2/3，其上端连接的细树干高度为树高的1/3~1/2。在直身加冕、立身照足法常选用 2~3 个主干，巧接法选 2 个干，其他为单干。方拐、三弯九倒拐枝盘一般为 6 层，大弯垂枝为 10 层，直身加冕为 6、8、9 层。

(9)枝法(树枝造型的基本方法)：除滚枝式外，总的要求是枝盘呈自然叶型，整个枝盘平出而微下垂。枝盘一般要求 5、6、9、10 层以上。枝片布局以七盘为多，片层间保持上密下疏，上窄下宽。平枝式规则型的枝盘常蟠扎成 5、6、8、9、10 层。如果枝桩上枝条不足宜采取平枝式花枝型枝盘，一次蟠扎就能成型，不必等新枝长出来以后再蟠扎。自然类树桩盆景采取粗盘细剪的方法，可借鉴规则类枝法，可加工成平枝式、半平枝式或垂枝式，力求自然，注意错落有致，层次分明(图 1-24 至图 1-28)。

4. 常用树种

川派盆景常用树种有金弹子、六月雪、贴梗海棠、垂丝海棠、紫薇、凤尾竹、银杏、石榴、梅、罗汉松、偃柏等。

图 1-24　半平半滚式示意图

图 1-25　平枝式花枝型

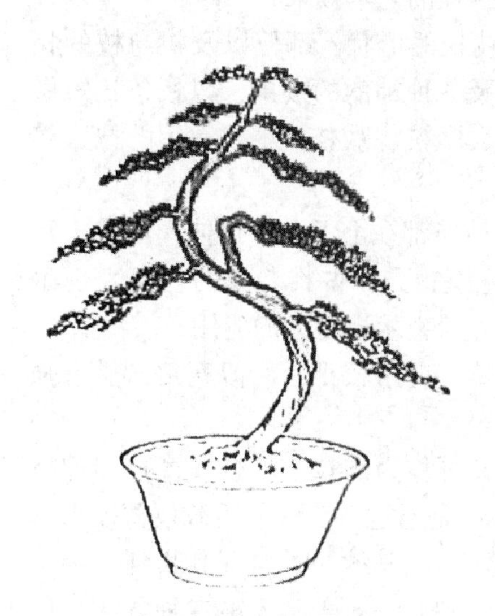

图 1-26　平枝式规则形

图 1-27　小滚枝型示意图

图 1-28　大滚枝型示意图

(四)岭南派

1. 形成与发展

岭南盆景是以广州为中心，遍及珠江三角洲和广西中南部地区的盆景艺术地方流派。始于20世纪20年代，发展到今天，已有90多年的历史。岭南盆景的发展占有天时、地利、人杰的优势。地处亚热带海洋气候，终年雨量充沛、气候温和、四季分明，土地肥沃，有利于各种植物的生长。广州是较早开放的通商口岸，人文地理因素使广州人有更多机会接受外来文化的影响，从而给岭南盆景带来清新活泼的气息，这是岭南盆景得以迅速发展的客观因素。商人、医生、学者和其他自由职业者较多，他们中的一些人组成了岭南盆景的最初创作队伍，随着时代的进步，队伍不断更新扩大，对岭南盆景艺术不断深入探索。代表人物有孔泰初、陈素仁、陆学明等。

2. 艺术特色

常见树型有大树型、文人树型、木棉型、古榕树型等。

风格特点：近树造型，注重比例，讲究技法，求真；以头为主，天人合一，塑造个性，求、苍、飘、险、动、雄、奇、新、雅，求善；师承画理，讲究枝法，传神达意，求美；因地制宜，截干蓄枝，精工制作，手法独特；脱衣换锦，一展三变，春芽秋叶，夏茂冬零。

3. 制作技法

(1)截干蓄枝：通过截的技法，以侧枝代替主干，以剪为主，很少蟠扎。无论是树干还是枝条，当长到符合大小要求时，按长度要求进行截、缩，再让其萌发新枝，进行反复造型，使其达到树干粗壮、树枝渐小、自然流畅、抑扬顿挫的艺术效果。

(2)枝法：即对树枝进行造型的基本方法。它研究枝托的形状、部位以及枝与枝的相互关系等，它以枝条的延伸状态去造成相互呼应、顾盼及各种神韵的效果，以枝条长短做争、让、抑、扬来创造姿态的美感。主枝常用的枝法有大飘枝、跌枝，小枝常用的枝法鸡爪枝、鹿角枝等。

(3)鸡爪枝：如“鸡爪”状而得名(图1-29)。其每一枝节都在上下左右延伸，形成丰富的走向变化，疏而不简、密而不繁。这种疏密得当、苍厚劲秀、古雅老辣的艺术表现手法，彰显了树木的刚阳之气。这是借鉴国画表现技法在盆景艺术造型上的应用。

(4)鹿角枝：其枝形与鸡爪枝相似，但节间相对较长，夹角较小，形似鹿角，显得强劲而又矫健轻盈，常配合雄伟挺秀的大树型(图1-30)。

(5)大飘枝：按形态又可称为翼枝和手杖，按功能又可称为韵枝、动枝、气枝和神枝(图1-31)。盆景大飘枝制作方法通常有两种：第一种方法是通过一节一节的截枝蓄枝来形成大飘枝。具体制作方法就是先让飘枝长到一定的粗度后，将其截短，再等其长到一定粗细后再次截短、掉拐，这样飘枝的粗细和曲折就有变化，别有一番美感。第二种方法是借鉴其他流派的技法，即通过蟠扎来形成大飘枝。首先是选择树桩有弯度的一面，促其萌发

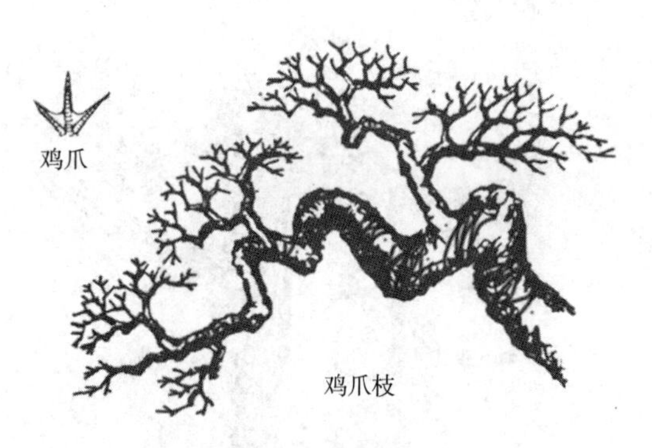

图 1-29　鸡爪枝

鹿角枝
鹿角

图 1-30　鹿角枝

新枝，当新枝木质化后，将该枝条压弯，并对其上面遮挡的枝进行修剪。一般在当年秋天或者是第二年春天的时候，将长枝进行分段“吊”，通过压弯，使其长出波折型。

盆景大飘枝修剪有以下注意事项。

①要注意飘枝的长度与整个树桩和谐统一。

②若使用蟠扎来制作大飘枝，在刚开始培育的2~3年间，飘枝长得很长，可能有2~3m，这个时候不要剪枝尾。如果枝端的分枝比较弱，可以修剪掉一些梢部的分枝。当飘枝的粗度和主干差不多时就可以进行枝梢的截断以及二级枝的修剪和造型。如果飘枝粗度没达到，尽量不要修剪。

③在制作飘枝时可同时对上面的枝或冠进行造型，但注意不要让上面的太旺，否则会影响到飘枝的生长。

④新枝发芽木质后压的过程，不要用铁丝扎，会影响生长。

(6)跌枝：是指树枝突然向下曲折跌宕，变化强烈分明，常常能给人以出其不意的冲击感(图1-32)。根据干枝曲度变化，常常有以下两种。

图 1-31　大飘枝

图 1-32　跌　枝

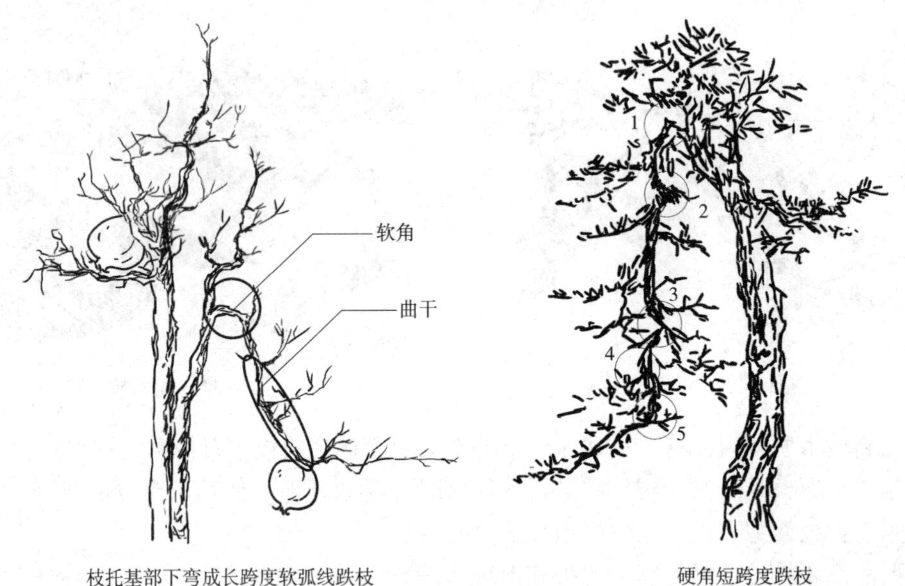

枝托基部下弯成长跨度软弧线跌枝　　硬角短跨度跌枝

图 1-33　跌枝的类型

①枝托基部下弯成长跨度软弧线　这一类跌枝造型相对简单，采用蟠扎、牵拉，逐渐让枝条下垂。枝托基部呈软弧线，过渡圆润。但缺乏跌宕的韵味，没有强烈分明的对比，也有将这一类枝归纳到垂枝里面的(图 1-33)。

②硬角短跨度跌枝　枝托基部成硬角短跨度下跌，如突然折断下垂，落而未落。特别是下跌枝中有一段为硬直干，稍部又曲折上翘，枝线变化强烈分明，冲击力强。这种跌枝造型难度高，造型时间长，造型效果好，给人以强烈震撼冲击。

跌枝的培育，首先要先确定跌枝的出枝位置，高度。然后通过剪的方法，培育向下的萌芽(见图 1-33)。1 部位为最初剪留的向下芽，萌发生长，次出枝角为锐角，欲下先上，变化明显。托势突兀、险峻；2 部位为第三节，是 1 与 3 的过渡。利用第二节短截后萌芽培育，枝线后缩，先缩后放；3 部位为跌枝第四节枝。利用第三节枝短剪后萌芽培育而成。这时的枝线为长跨度直线弹出，与 1、2 枝线形成强烈对比；4 部位为短跨度急曲。用短剪的方法培育而成，求取枝线变化；5 部位枝线左向走，走势上翘，力道回弹。

在下跌枝培育过程中，要抑制树枝的顶端优势。包括修剪树顶，树枝搭架倒置等。

4. 常用树种

岭南派盆景常用树种有九里香(月橘)、福建茶(基及树)、栀子花(水横枝)、山橘(酒饼叶)、叶子花(三角花)、马尾松。

(五)海派

1. 形成与发展

据考证，早在 1567—1620 年间，上海嘉定地区的盆景已具有较高的水平。海派盆景

的形成与当地条件、地理环境、人文因素、风俗习惯密切相关。上海地处水陆交通要塞，是工业、商业、文化都很发达的大都市，形成了既继承优秀传统，又大胆吸收外来文化艺术，兼收并蓄、博采众长的海派文化艺术。此外，外地盆景艺术对海派盆景的形成发展也有一定的影响。盆景大师周柏真对海派盆景风格进行研究，提出“必须师法自然，反对矫揉造作、呆板失真，并要去芜存菁，在学习各地传统盆景风格基础上刻意求新”的构想。海派盆景的代表人物有殷子敏、山冬林、胡运骅、胡荣庆、邵海忠、汪彝鼎等大师。

2. 艺术特色

海派盆景崇尚自然、形式丰富，枝叶分布不拘格律、树姿浑厚苍劲，规格多样，微型盆景突出。代表造型为自然圆片和微型。

3. 制作技法

常采用金属缠绕造型。

4. 常用树种

海派盆景选用的树种多样，常用树种有五针松、黑松、罗汉松、锦松、圆柏、榆、雀梅、六月雪、南天竹、火棘、胡颓子、金雀等。

(六) 浙派

1. 形成与发展

浙江是世界盆景文化的发源地，1977 年在浙江余姚河姆渡遗址考古发掘中，发现在两片五叶纹陶块上画有两个长方形陶粒，腔内各藏着一株盆栽万年青。这是目前所发现的我国最早的盆景记载，距今已有 7000 年历史。

自南宋以来，浙江盆景就把松柏列为盆景树木之首。此时形成了浙派盆景的雏形。传统的浙江松树造型，除独本外，还盛行合栽式、丛林式，在株型上则大都表现为高干型。

浙派盆景造型继承发扬了宋、明以来的地方传统风格，吸收了历代浙派画家的传统写意手法，着重表现其内在神韵、意境与个性。做到以刚为主，以柔为辅，刚柔相济，体现时代精神。浙派盆景代表人物是杭州的潘仲连和温州的胡乐国等大师。

2. 艺术特色

浙派盆景以高干型合栽式的造型为基调，还有丛林式等其他造型。浙派盆景注重节奏，讲求力度，求其动态美，讲究刚柔相济，以刚为主、以柔为辅，着重表现盆景艺术形象的阳刚美；求其雄健奔放、洒脱、舒展，而不失雍容雅秀的书卷气。这种艺术效果的取得，主要就在于加强枝干节奏处理中的力度和动势。力求层次分明，忌避肥厚臃肿。既求自然奔放，又讲层次，近似工整。但反对片层单薄如纸。整体效果要求雄浑苍劲，宛如天成，各个片层清晰可见，忌过实过重。枝干的线条处理既保持传统的“S”形曲线的柔性美，但又坚决摒弃以“S”形为唯一的线条形式。

浙派盆景造型主流是高干型合栽式，但对杭州、温州两地而言，却有异曲同工之妙。温州五针松造型姿势比较规正，主干与分枝的转角度一般都做90°直角处理，枝叶修剪比较简洁清丽，故其形象有严谨、稳健、端庄之美。而杭州五针松造型主干略呈倾斜，主干与分枝的夹角大都接近于向下45°做锐角处理，枝叶修剪清晰而偏于浑厚，追求雄迈、洒脱、奔放之气。黄岩杂木盆景和梅桩盆景在浙派中亦已异军突起，别具一格。当地杂木盆景整型以剪为主，其主要特色在于主干自然舒展，分枝层次清晰，小枝转折遒劲硬朗而无散漫之弊，故其风范清丽、秀逸、精细、楚楚动人。当地梅桩盆景，挖取野梅桩上盆，再高枝嫁接梅花品种，疏影横斜，剪裁得体，风姿孤高如画。

3. 制作技法

浙江树桩盆景的枝干造型和线条处理形式有以下四方面的特点。

(1)直线与曲线并用：竖立的直线代表挺拔崇高、刚直、奋发的冲击力，迂回迟缓的"S"形曲线有阴柔之美。曲直结合、刚柔相济的线条形式将带来雄伟挺拔而又舒展流畅的艺术美。黄山直干横枝的迎客松和主干下直上曲的送客松，就是盆景创作的自然范本。

(2)顺势与逆势并用：顺势与逆势的关系也就是引力与斥力的关系。中国书画艺术尤其重视用笔的顺势收放所造成的节奏韵律。浙江盆景界正是把这种顺势与逆势的线条作为自己的审美对象和表现形式。

(3)硬角度与软弧线并用："鸡爪枝""鹿角枝"的转折是硬角度，"S"线则是软弧线。浙派盆景在主干与主枝的结合处大都呈90°直角或近似向下45°的锐角，偶或需要强化某些主枝的顿挫之态，以夸张其反势雄劲时多采用较硬转角。表现枯梢秃枝的刚健之美也需要硬角度，杂木树桩的细枝短节的修剪，更加需要"鸡爪枝""鹿角枝"之类的硬角度。但是，浙派盆景在主干处理上却大多有"一波三折"之意。即便直干式亦仍有曲意，各个分枝片层的延伸布势，运用了大量深浅不等的弧线，以表现其婉转流畅的娟秀之气，这样的有机结合，豪迈粗犷与书卷气息兼而有之，既不失之于狂野，也不会失之于甜腻。

(4)长跨度与短跨度并用：浙派认为，曲线之美因各个弧度之间的跨距长短、疏密不等而有所差异。对于树桩盆景造型，后者比前者更强烈地表达了自然的生命活力。因此，在树桩盆景的枝干处理上，浙派主张打破曲线跨距的等距离分配，而有意识地借鉴写意山水和行草书法的表现技巧，让长短深浅不等的跨度因材、景而异，机动灵活地交织并用，因为只有这样才能真正得自然之趣、合造化之理。

对于蟠扎材料的使用，杭州是金属丝、棕丝并用，温州只用铁丝。加工技法如下：松类造型以蟠扎为主，以修剪为辅。

温州的胡乐国对浙派代表树种五针松的造型技法做了系统总结。主干采取自然式直干，不做过度的弯曲，这是浙派对五针松造型的基本要求，而海派对五针松主干处理或多或少做人为的软线条弯曲，这是海派和浙派在五针松造型上的重要区别。在枝条处理上，浙派注重对枝条的合理取舍和生长方向的调整，通过短截和疏删，使枝冠构图形成一个不等边三角形，注意安排好枝条的疏密关系，突出主要枝条，使树冠外轮廓线变化丰富，枝条的主体布置成不等边三角形。在调整枝条生长方向时，要重视两个方面的调整，以主干为轴心，对枝条在同一水平面上的左右调整，要防止形成正前枝、正后枝、切干枝，必要

时可对枝条做些角度上的调整。枝条和主干之间所成角度，温州为 90°，杭州大都为 45°。根的处理，要进行提根的处理，根要粗壮、简洁，呈爪形，切忌纤细散乱，要带土隆起，半露于土表，使盆土表面呈波状起伏。

浙派对柏类造型技法则以蟠扎为主，摘心修剪为辅。柏类的审美价值主要在于显露其扭筋转骨、古拙苍劲的纹理，这样的艺术效果必须靠蟠扎，结合修剪才能奏效。其树冠之美又在于枝繁叶密，团峦起伏，如云蒸霞蔚，与主干的嶙峋枯骨相映成趣，展现柏树所固有的森严、古朴的刚毅之美。

浙派盆景的杂木类盆景常用的树种大多萌芽力较强，耐修剪，故采取以剪为主、以扎为辅的手法。于小枝短节间要形成大量硬朗的转角度，只有修剪才能达到这种效果。浙派杂木盆景与岭南派盆景的区别在于浙派扎片，讲究层次。

4. 常用树种

浙派盆景常用树种，始终保持宋、明以来的传统特色，坚持以松柏类为主，以五针松为代表树种，还包括其他杂木类和观花、观果、观叶类，现有一百余种。

（七）徽派

1. 形成与发展

徽派盆景发源地在歙县卖花渔村。歙县是一座历史文化名城，建于秦朝，属会稽郡。北宋徽宗宣和三年（1121 年）改称徽州，歙县一直是州、府治所，是徽州的政治、经济、文化中心。歙县属亚热带气候，植物种类与自然资源丰富，但因地少人多，徽商发达，明清时商业活动遍及全国，在长江中下游一带颇具实力，人文荟萃，英才辈出，艺苑生辉，文化灿烂。徽州经学、新安画派、徽派版画、徽派园林、徽派建筑、徽墨、歙砚以及徽派盆景，都自成流派，独具风采。刘长卿、李白、谢灵运、费岛、苏辙、方苞、龚自珍等人都在这里留下传世诗文。徽州传统的文化艺术对徽派盆景形成与发展有着深刻的影响。历代徽州文人、画家无不喜爱盆景，尤其喜爱徽梅，以至种梅、探梅、艺梅、吟梅成癖。如明代王之杰，尤喜探梅，题咏梅花诗逾百首。新安画家们师古而不泥古，自立门户；师法造化而不为自然所拘。外师造化，中得心源，自成一家。在新安画家的作品中，常能看到徽派盆景的形象，徽派盆景注重老桩和主干造型苍老拙朴、线条简洁，与新安画派风格一脉相承。

此外，徽州盆景还受徽州建筑、园林的影响，造型对称严谨，色彩素雅清淡，立面活泼多变。徽州曾隶属扬州，在历史上与苏州、扬州关系密切，徽商、新安文人画家多集中于扬州小八怪中的罗聘和汪士慎均为歙县人，他们也把徽州盆景艺术理论和盆景作品带到扬州，互相交流切磋。因此，徽州、扬州两地盆景在品评标准、造型技法上有许多相似之处，与苏派盆景也有异曲同工之妙。

近些年来，徽派盆景又有新发展，卖花渔村已成为徽派盆景的生产基地。在歙县新建了专门的盆景园——万景园，用于陈列徽派盆景。徽派在保持传统风格的基础上，也有创新。古老的徽派盆景显出一派兴旺景象。

2. 艺术特色

(1)游龙式：自幼从主干基部开始扎成“之”字弯，自下而上渐小，弯曲如游龙。每年剪去基部萌发的新枝，使基部逐年膨大成为“龙头”，侧枝左右交错布置，皆出于凸弯处，每弯一枝，也做蛇形弯曲(图 1-34)。整体造型严谨庄重。常用于梅、桃、罗汉松等植物。

(2)三台式：主干略弯，枝叶分成三片，修剪成半球形或水平圆片，高低错落，前俯后仰，又称“蓬莱三岛”(图 1-35)。亦有五台式。常用于圆柏、绣球和梅。

(3)扭旋式：主干作螺旋状扭曲向上，又称磨盘弯，常用于圆柏、罗汉松(图 1-36)。

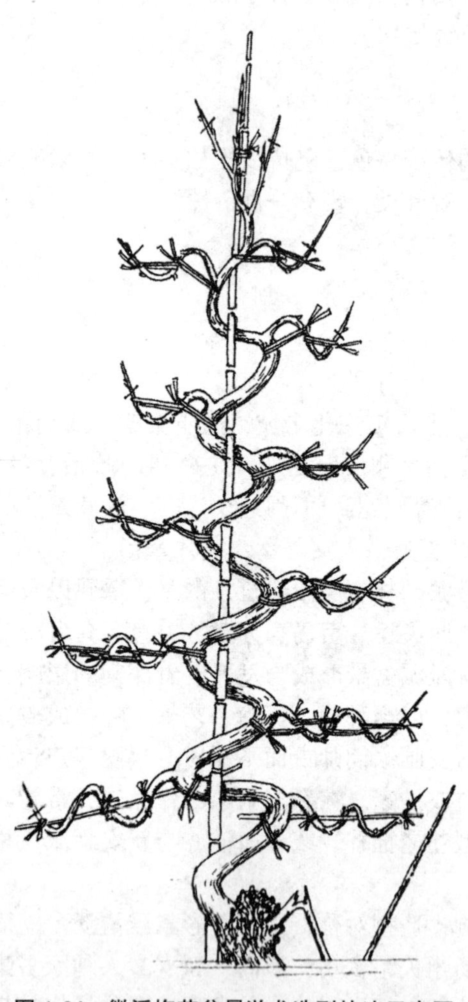

图 1-34 徽派梅花盆景游龙造型技法示意图

图 1-35 三台式梅花盆景

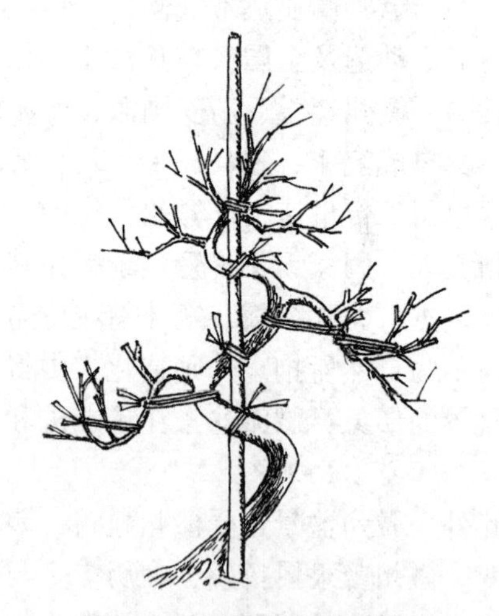

图 1-36 扭旋式造型示意图

(4)疙瘩式：幼苗时将主干打个结或绕一圈，长大使成疙瘩(图 1-37)。常用于圆柏和罗汉松。

(5)屏风式：将枝干编织在一个平面上，开花时如孔雀开屏，十分美观。常用于紫薇、黄荆、蜡梅(图 1-38)。

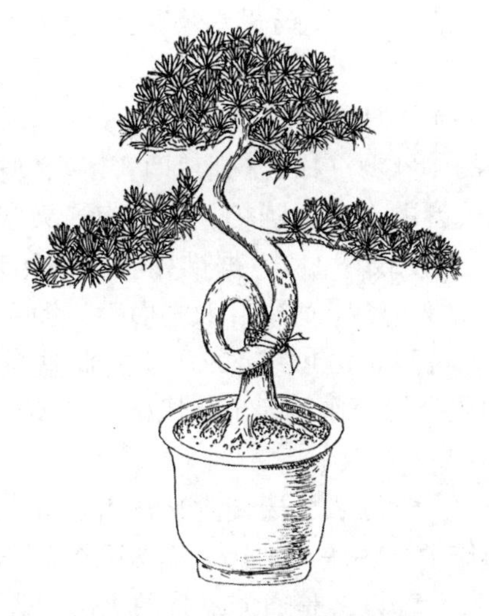

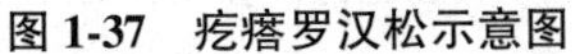

图 1-37　疙瘩罗汉松示意图

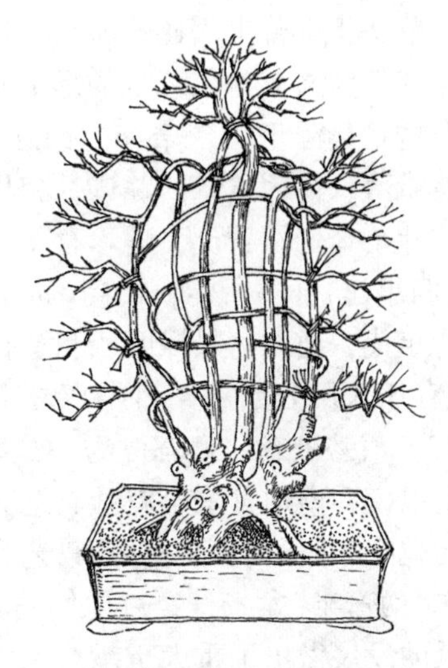

图 1-38　屏风式示意图

(6)劈干式：将主干较粗而不成型的树劈开，或利用有伤疤的树桩，挖去木质部或使其腐烂，日久成一张黏皮，但树皮上的新枝却能开出艳丽的花朵，俗称“烂片”，枯木逢春。既有老态龙钟之态，又有不屈不挠之精神，耐人寻味，多用于梅。

(7)自然式：因树随形，不拘一格，师法造化，千姿百态。

3. 制作技法

卖花渔村规则型梅桩采用棕皮、树筋等材料进行粗扎粗剪，并用树棍插在土中作支撑物，帮助造型。在山坡上从树木幼小时就开始加工，每 1～2 年重扎一次，并做粗修剪，待主干定型后，再加上侧枝。加工侧枝采用先扎后剪的方法，对于小枝一般不做细加工。小树时不美观，但长大后大多雄浑苍古，奇特多姿。

4. 常用树种

徽州盆景以梅、罗汉松、黄山松、圆柏为代表树种，其他还有碧桃、栀子花、南天竹、杜鹃花、山茶、檵木、翠柏、罗汉松、黄杨、石楠、桂花、紫薇、六月雪、雀梅、黄荆、榔榆、檵木等。

(八)通派

1. 形成与发展

通派盆景是江苏南通的特色盆景(也称为如派)，是我国盆景艺术发展较早的一个流派。它的形成主要有以下有利条件：优越的地理位置，南通水陆交通四通八达；气候适宜，雨量充沛，土地肥沃，资源丰富；狼山上风景优美，古树参天，气势雄伟，千姿百态，为通派盆景提供了丰富的创作素材和源泉；悠久的文化遗产，南通自唐至清，经济繁荣，文化艺术发达，文人荟萃，涌现出了一批书画名流。唐代的骆宾王，宋朝的王安石、文天祥、范文正都曾出入通州城，并留下了墨迹丹青。清代“扬州八怪”之一李方膺即生长于此。这些都为通派盆景艺术的形成和发展提供了丰富的营养。

通派盆景起源于唐末宋初。南通城北钟秀山的六朝璎珞柏，干粗 1.85m，因树桩古老，枝展错落，传为盆景的踪迹。狼山葵竹山房的小叶罗汉松，树形“两弯半”，侧枝着地伸展，枝叶至今仍然繁茂，现珍存于南通市人民公园的一盆古圆柏，系从南通天宁寺古刹(唐咸通四年建)征集所传，干高 1m，古朴苍劲，树皮仅存 1/7，据推算已有千余年历史。

明清年代，通派盆景风靡于世，南通文峰塔碑文记载：“补山水之形胜，助文风之盛兴”。现存于人民公园的雀舌罗汉松《蛟龙串云》，已有 400 多年的历史，此盆景主干呈“两弯半”，气势苍劲，姿态健秀，是南通盆景的典型代表作，无论从风格特点还是其造型艺术，足以说明南通盆景早就独具地方风格。

清初乾隆年间涌现出一批盆景艺人，如金保生、朱汇泉、杨瑞堂、杨甫之等，他们都擅长制作“两弯半”盆景，经过他们精心培育，制作了许多庄严雄伟、挺拔强劲的佳作，为通派盆景的发展做出了重大贡献。朱宝祥、花汉民、韩万选是通派盆景的杰出代表。

2. 传统造型及技法

传统造型为鞠躬式(两弯半)，主干虬曲，枝片健秀。

(1)主干：两弯半盆景的主干由第一弯、第二弯和第三弯的半个弯组成。第一弯也称底弯，弯度稍大并带后仰状，呈座地之势，故名“座地弯”。第二弯曲度小些，复欲前倾，如同抱驼之势，又称“抱驼弯”。第三弯只有半弯，此弯的上翘端与底弯要呈垂直。要求主干左右弯曲自然，刚柔自若，呈端庄秀美之势。

(2)枝片：两弯半盆景的枝片有起手片、出手片、隐片之分。从主干基部第一弯中心点处向一侧延伸的枝片称起手片(也叫起手枝)。第二弯起点处向另一侧延伸的枝片称出手片(也称出手枝)，出手枝要长于起手枝 1/3。隐片(也称隐枝)的选择，在适宜的位置选留奇数侧横向起、出手片的方向延伸，起陪衬作用，要求不取对生枝，其余皆疏去。向正后方延伸的叫背片(也称背枝)，隐在主干之后。主干正面裸露，不能有枝片，避免“临门片”(临门枝)。起、出手片和隐片的侧枝均蟠成寸结寸弯，呈爪状，片面饱满，形状呈横面鱼背形。背片要短而曲，片面呈折扇形。两弯半盆景注重立体空间的造型，其起、出手片与隐片、背片的组合，运用藏露兼顾的艺术手法，体现盆景的虚实感，使意境深远，达到耐人寻味的艺术效果。

(3)顶：在“半弯”上部收顶，呈馒头形。它是画龙点睛的技巧，使整个作品浑然一体，形神兼备。

(4)提根(爬根)：盆景悬根露爪显得苍老奇特。提根方法，结合选材从小苗培养，上盆时将部分主根曲于土中，而后逐渐冲根，使根逐渐露于上面，逐步达到盘根错节的效果。干、枝造型的棕法有头棕、躺棕、竖棕、仰棕、拢棕、悬棕、套棕、平棕、侧棕、带棕、勾棕等十余种之多。此外，“顿节”是两弯半盆景造型的特殊手法，即于主干基部上 3~5cm 处锯截，以侧代干。

3. 陈设艺术

摆设时一般相对成组，或三、五、七、九一堂，与其他流派相比，有其特色。成堂摆

设时，中间一盆主树或称“文树”，左右两侧各一盆称“武树”，文树应比武树高大粗壮，其主干弯曲较小，左右要均衡。两边武树造型、姿态、高低、大小、主干粗细与弯曲，至连盆盎、几架都相同对称，主干第一弯也都各自面向主树方向，决不能喧宾夺主，参差不齐。陈设在庭院、厅堂之中，则能增加环境的幽雅美、整齐美、端庄美，备受观赏者青睐。

4. 常用树种

通派盆景树种以雀舌罗汉松为代表，雀舌罗汉松是罗汉松的一个变种。

(九)滇派

1. 形成与发展

云南地处云贵高原，气候宜人，植物丰富，有“植物王国”之美称。据考证，滇派盆景始于清代初期，形成于清末民初，20世纪30年代较为兴盛，40年代由于日本的入侵以及经济落后，盆景在相当一段时期发展缓慢。中华人民共和国成立后滇派盆景获得新生。到20世纪80年代，由于改革开放，滇派盆景艺术才得到大踏步的前进。各地盆景专业户逐年增加，盆景专业队伍和爱好者数量不断扩大，许多地区的园林部门和单位都开始了兴建不同类型的景园，市面上盆景店和盆景销售摊点也越来越多。通过滇派盆景艺术家和广大盆景工作者的不断努力和创造性劳动，滇派盆景在全国盆景展览中开始引起了盆景界的关注，并取得了较好的成绩。另外，省内的盆景展览活动也在逐年增加，特别是在昆明举办的第三届全国艺术节上，滇派盆景初次展示了它的地方优势和美好前景，受到了中外观众的赞赏。滇派盆景在历史长河中已逐步形成了自己的地方风格即滇派艺术，而且与全国比较，滇派盆景显得十分独特。

2. 艺术特色

滇派有以徐宝为代表的书法盆景，以白忠为代表的炎黄瓶盆景，以阚庆余为代表的蟠根式罗汉松盆景多种特色。书法盆景主要是以草书笔势和篆书笔法为造型基础的书法盆景。书法盆景始于清代康熙年间，现存于昆明大观公园苗圃之紫薇大型双条“寿”字盆景(由两棵树合栽在釉陶盆中造型而成)，迄今已有300余年的历史，仍枝繁叶茂，充满生机，这是云南目前所见到的最古老的书法盆景；已故的滇派书法盆景大师袁锡章(宪舟)遗留下来的大型书法盆景《福如东海，寿比南山》则以贴梗海棠造型而成，至今也有百余年的历史，其技法娴熟，字体潇洒、浑厚，很有气势；白嘉祥以梅花为主要材料做书法盆景，颇有功力。

3. 制作技法

滇派书法盆景分布于昆明、保山、腾冲、通海、大理、鹤庆和丽江等地，造型技法多以播种、扦插、嫁接成活的幼树，仅留一主干，将其移植在较深的花盆中，然后加强土肥水管理和病虫害防治，待到主干长到1~1.5m时(需1~2年)，再按所需要的字谱要求进行造型。所谓字谱就是滇派书法盆景将常用的汉字，按盆景制作的需要，采用草书的形体笔势和篆字的圆润笔法，把字写在硬纸上，然后再拓印下来，以便造型修剪，将树木主干的前后层次标在上面，便于造型时依样施工。利用字谱时要注意把控好重心、出势、收尾和结顶等关系，在造型过程中，要边弯曲、边蟠扎，字形定型后，用竹竿等支撑物插在字背后，紧贴字体，再用麻线或铁丝将字体绑扎在竹竿上，并使其成一平面，以防止倾斜和变形、歪曲；固定好字体之后，再进行顶端修剪和造型。一般结顶为半球形，字脚不留萌发枝条，字身上的萌芽要及时抹除，以免影响字体的造型。盆景大师白忠的炎黄瓶盆景喜欢保留基部萌芽，并修剪成平台，和顶端半球形相呼应，以烘托主体；落叶树种的造型，一般在秋季休眠期间进行。常绿树和松柏类树种则在冬季或初春植物萌芽前造型为好；当字型稳固不弯、蟠扎交接处愈合并生在一起后，即可拆除竹竿，以便观瞻，这个过程一般要 2~3 年时间。

滇派书法盆景的审美特征为抽象与具体的结合，即盆景的具体形象(干、枝、叶、花、果、根)和汉字书法文字符号的有机结合，展现盆景本身形体的美感和从文字本身的意义(如福、寿、喜等吉利字句)。书法盆景以欣赏植物的主干变化为主要对象，其线条的圆润和流畅性，有如游龙腾飞、变化万千，由于书法盆景常以观花、观果的植物为素材，故而随着四季的变化而产生不同的景观。四时观赏，各得其所；书法盆景的陈设也别具一格，滇派书法盆景以大型为主，中型次之，因此最适宜安放在庭院中或大门两侧，或照壁正中下面地上，单字适合摆在正中位置，双字适合对称摆放，对联则需按顺序先后一一摆放，或摆成两行，给人以整齐美观、气势宏大、古雅浑厚、稳重端庄之感。

4. 常用树种

滇派书法盆景树种除紫薇、桃、梅之外，还以石榴、木瓜和金银花等树木为材料。

(十)闽派

1. 形成与发展

福建地处亚热带，境内多崇山峻岭，河溪纵横，奇花异木，山灵石仙，景秀人杰，孕育了闽派盆景。福建盆景，源远流长，可追溯到北宋年间。经历代兴衰，较大的发展是在 1949 年以后，而真正起飞是 1979 年以后。1979 年 10 月，福建盆景参加北京的全国首届盆景展览，就引起人们注意，受到各界好评。在 1985 年秋季举办的全国第一届盆景评比展览会上，由福建省建委、省园林学会组织的福州、泉州、厦门、漳州、三明、南平六市参加的福建省参展团，共有 89 盆盆景参展，通过评比，荣获特等奖 1 个，二等奖 5 个，三等奖 9 个，优秀奖 3 个，总分居全国第四位，成绩斐然。尤其值得一提的是泉州，几乎占了福建获奖项目的一半，而且均为榕树桩景。榕树盆景在国内独具一格、自成一家，引人瞩目。闽派形成了以杨吉章为代表的象形榕树盆景、以许文护为代表的倒栽榕盆景、以许彦夫为代表的附石式榕树盆景、以傅耐翁为代表的附石悬崖式盆景 4 个小流派。

2. 艺术特色

闽派盆景造型特点部位主要在于榕树根上。它以千姿百态的榕树块根、气根、板根和倒栽榕形成的庞大根系造成各种象形式、附石式、立式、卧式、悬崖式等天然造型(图 1-39、图 1-40)。闽派就是榕根造型派，这是区别于各个流派的根本特征或风格。

图 1-39　闽派参榕盆景

图 1-40　闽派式象形盆景

3. 制作技法

闽派盆景特殊技术有两点：一是从榕树实生苗中选择块根奇特的植株进行培养造型；二是倒栽榕。倒栽榕技法是指为了树坯造型特殊而把桩坯冠部倒置向地、根部朝天，倒立栽种的办法。倒栽榕的气生根多，奇形怪状，树根造型格外壮观；桩景有矮化趋势，冠部丰满呈伞形；树干由许多根、枝天然靠接而成，显得奇特壮观，基础稳定扎实，老态龙钟、曲直自如、线条流畅，根干于穹窍中见光滑，别具一格，看上去有一种奇特感和美妙感。

4. 常用树种

闽派盆景常选用小叶榕、竹叶榕、榆树、福建茶、九里香、朴树、雀梅、罗汉松等树种。

(十一)中州派

1. 形成与发展

中州是河南的古称。河南地处中原，历史悠久，文化灿烂，交通便捷，自然资源丰富。在东汉、唐宋时期，洛阳的达官贵人建造了大量园林，在数量和艺术水平上都居全国之首。这些园林中大多置有盆景，如唐代宰相李德裕的水泉山庄就是如此。诗人白居易酷爱山石，也是他最早为石归类，他吟咏山水盆景的诗篇一直流传至今。古城开封，是北宋时的都城，宋徽宗的万寿山就有大量盆景，这说明在古老的中州大地上，很早就萌发了盆景艺术这朵奇葩。但是，由于中原战乱和黄河泛滥等原因，中原地区盆景发展落后了，到1949年前，除了鄢陵有盆栽造型外，中州大地已很少见到盆景。

1963年郑州举办了第一次盆景展览。1964年建立了盆景园。1980年郑州举办了大规模的盆景展览。翌年成立了由18人组成的中州派盆景研究组，提出了中州派盆景的研究课题，并确定了以柽柳为重点发展树种。

柽柳是中州地带的特产树种，在国内独树一帜，具有其他树种不可媲美的特点，柽柳垂枝式盆景不仅能表现出中州派盆景的独特风格，而且还把中州人民的性格表现得恰到好处。柽柳盆景在中州得到了飞快的发展，并且很快形成了以张瑞堂、王选民为代表的垂枝式造型和以李春泰为代表的圆片式造型两个小流派，即张王派垂枝式柽柳盆景和李派圆片式柽柳盆景。

中州派作者群多分布在郑州、洛阳一带，代表人物有张瑞堂、王选民、李春泰、马建新、梁凤楼、鹿金利、雷天舟、周脉常、孟兰亭、游文亮等。

2. 造型与技法

中州派盆景分为两个小流派或两种风格：垂枝式和圆片式，都是用柽柳制作而成的。

(1)垂枝式柽柳造型要师法自然：突出表现自然界垂柳的枝干苍劲、垂枝柔和、刚柔相济的特点。师法自然，就是要求作者要细心观察自然界垂柳的千姿百态。例如，河边垂柳的斜干大垂枝，岸边垂柳的曲干临水式，庭院垂柳的秀干柔姿，野外垂柳的苍劲古朴，还有绿柳成林的天然多干组合等，均应留心记忆，收腹打稿。在布局上应参考借鉴中国画画柳的技法，如画柳要求树干苍老、挺秀，树枝错节过渡，变化自然，柳枝下垂，线条流畅。

早期造型的要点是主干和主枝的变化，原则上要求主干和各级枝条的造型处理，无论是错节过渡，还是弯曲变化，均应自然，尽量避免人工匠气及枝条的纵横交错、杂乱无章。

垂枝式柽柳造型的关键在于垂枝的制作。制作垂枝式盆景要根据布局的要求决定下垂枝的位置、多少、疏密、长短、粗细、层次变化和整体轮廓。要合理利用早期定枝、遮光处理、牵拉枝条、疏理侧枝、更新修剪的技法，可以收到良好的效果。

①早期定枝　是指在早春柽柳萌发新枝长到10~15cm时就要进行定技，首先把长势稍弱的侧枝和下部的小枝定为培养垂枝的枝条。对于强壮的生长旺盛枝，因其不易下垂应疏除。如果某一局部枝干上发出的新枝较少，可将新生枝条摘心，促生侧枝以便加以利用。

②遮光处理　是指柽柳的生长期，在强阳光下枝条易向上生长，要求适当遮光，以半阴为好。遮光一段时间之后，大部分枝条即可自然下垂且柔和。

③牵拉枝条　是指对那些枝条不易下垂或下垂角度不佳时，可用金属丝进行蟠扎，使其符合制作要求。

④疏理侧枝　侧枝生长过盛或垂枝过多而出现过密时，应疏理剪枝。对于纵横交错的乱枝条也应理顺。此外，在整体布局上还应处理好以下几个问题。

下垂的枝条不能出现上下层次的重叠，更不能齐头平均，只有枝条的邻近相依，上下参差，边缘关系才能疏而不乱。疏与密的关系在垂枝的处理上非常重要，原则上是密而不整，能透光；疏而不空，可见枝。在管理上，应注意成型的垂枝式盆景不宜多施肥，肥水

过大，枝条生长过多、过长均会影响观赏效果。

更新修剪。在枝条更新时，首先应剪去长而粗的枝条，保留叶色嫩绿的小枝，剪时留桩要短，也可在7~8月间用摘叶办法进行垂枝更新。剪枝或摘叶后要少量施肥水，促发新枝，经常向叶面喷水，以保持枝叶翠绿。

圆片式造型主要靠短截修剪而成。

(2)连根式柽柳盆景制作要领：首先选取外形富有变化的柽柳树桩，或选3~5年生的主干弯曲而侧枝较多的柽柳。一般在早春选取下部枝条进行水平压条促根处理。横埋枝条不宜过深，以半露不露为宜，要盖土保湿，要经常喷水养护，当年便可定枝造型。再经过两三年的地栽培养，可于早春上盆。连根垂枝式柽柳盆景，一定要提根，并梳理根系、不能杂乱无章。主干多少根据材料而定，一般以二干、五干、七干为好。要注意主干的高低、粗细、主宾、疏密的变化，垂枝要自然飘逸，富有野趣，田园风光。

3. 常用树种

中州派盆景在取材上以杂木类树桩为主，主要选用柽柳(三春柳)、黄荆、石榴等。

(十二)湖北盆景

湖北盆景是树木盆景的后起之秀，中国盆景艺术大师贺淦荪的风吹式盆景独树一帜，即贺氏动势盆景是造型创新的代表。贺淦荪将以风吹式为代表的各式盆景统称为动势盆景，他是其动势盆景的学术带头人，湖北盆景的代表树种是对节白蜡，动势盆景材料还有水蜡、珍珠黄杨、柞木、赤楠等。技法上兼收并蓄各流派的优势，落叶树采取截干蓄枝与蟠扎结合。湖北盆景最突出的价值形式是对风动式树木盆景的创新，形成了树石、景盆法、风动式的新风格，成为中国动式盆景的主要代表人。湖北盆景艺术特色是“自然的神韵、活泼的节奏、飞扬的动式、写意的效果”。作者群有沈连清、章征武、张光前、张先觉、陈荣楚、万能斌、葛宗远、吴正华、朱传祺、彭水章等(图1-41、图1-42)。

图1-41 《春风杨柳》(六月雪)(章征武)

图1-42 《黄河在咆哮》(柞木)(贺淦荪)

(十三)于派小菊盆景

于锡昭是中国盆景艺术大师，他在继承我国传统盆景造型的基础上，以盆景小菊为材料，通过除脚芽的技法保障菊花干不枯死，将菊花由草本变成木本，对菊花进行直干式、斜干式、卧干式、悬崖临水式、双干式、丛林式、附石式、提根式等多种造型，模仿多种流派。技法独特，形成了作者群，称为于派小菊盆景，是材料创新的流派代表(图1-43)。

图1-43　于派小菊盆景《菊颂》(菊花)(于锡昭)

(十四)中国盆景的系统分类

彭春生提出盆景的系统分类方法，即“类—型—亚型—式—号”五级分类系统。将中国盆景分为树木、山石和树石三类，六型，七个亚型，若干式。最后按规格大小分成五个号。《韦金笙论中国盆景艺术大观》提出了“按盆景载体和表现意景的不同形式，将盆景分为树木盆景(又称树桩盆景)、竹草盆景、山水盆景(又称山石盆景)、树石盆景(又称水旱盆景)、微型组合盆景(又称微型盆景)和异型盆景六大类”。其中树木盆景按造型手法的不同可分为规则型、象形型、自然型。未来发展趋势以自然型为主。

(1)依据树干分类：按干的姿态分为直干式、斜干式、曲干式、卧干式、悬崖式、临水式、疙瘩式、劈干式、枯干式、一本多干式、伪装式、大树型、六台三托一顶式、游龙式、对拐式、方拐式、滚龙抱柱式、掉拐式、三弯九拐式、老妇梳妆式、大弯垂枝式、文人树式等。依据干的数量分为单干型、双干型、三干型、丛林型。

(2)依据树枝分类：垂枝型、风吹型、俯枝型、枯梢型、滚枝式、平枝式、花枝。

(3)依据树根分类：连根式、提根式、附石型。

五、作业与要求

写出所参观盆景园的树木盆景的类型、技法特点，实验报告要求图文并茂。

实习2 山水盆景类型及其材料的识别

一、目的

让学生熟悉山石盆景的分类和不同流派、类型的技法特点，并能明确区分不同类型、流派、形式的盆景；学会山水盆景常用石料的识别。

二、内容与方法

遵照中国盆景的系统分类法，中国盆景分为树木盆景、山水盆景、树石盆景三类。本实习结合图片区别山水盆景不同类型和形式的特征、不同流派的造型和技法特点；认知所用山石材料的种类及其特性；启发学生归纳出流派的可创新性和创新方法。

（一）山水盆景的类型

山水盆景以山石和水为主要材料，在浅口的盆器中，布置山石、草木和其他装饰物，通过艺术的手法再现秀丽或雄伟壮观的自然风光，营造出立体的山水画。依据其材料、景观类型、创作手法的差异，山水盆景类又可分为：水盆型、旱盆型、水旱型3种。

1. 水盆型山水盆景常见形式

水盆型山水盆景是以山石为主体，盆中盛水而无土、沙，通常在山石上植以小型草木，展现"有山有水"的自然景观。

（1）孤峰式：又称为独峰式、独秀式（图2-1），在盆内放一块形态优美、造型独特的高大山石，可在盆内适当位置放置1~2块与主山石体型相差悬殊的小山石作为山脚，加以衬托。山石不宜置于盆器中央，也不宜紧贴在盆沿上，构图应平衡稳定。孤峰式盆景既可用软石，也可用硬石。孤峰式山水盆景，根据山石高度、形态与盆器长度的比例关系可分为：瘦高型（75%以上）、清秀型（65%左右）、雄壮型（50%左右）。

孤峰式盆景所展现的景物多为近景，此类盆景给观赏者以山势高大挺拔之感，山石的纹理、生长于山石之上的青苔和草木清晰可见、一目了然，因此也有人常称之为"近景式"

山水盆景。

(2)双峰式：顾名思义，双峰式山水盆景由两座山石组成，两座山石应一高一低、一主一客(图 2-2)。

双峰式山水盆景主要分为“瘦高型”和“雄壮型”两种，与孤峰式相同，“瘦高型”主山石高度也为盆器长度的75%以上，山峰高耸入云、气势冲天。由于双峰式瘦高型山峰过于刚直，柔美不足，因此，在山峰中下部栽植树木，可利用树木横斜的枝条打破山峰过长的直线，为整体轮廓增加曲线元素，达到刚柔并济的效果。而雄壮型盆景的主山石通常为盆器长度的60%左右，给人以稳重之感，可在显眼处点缀亭、塔等小配件，用以衬托山峰的高大雄伟。

图 2-1　孤峰式(马伯钦改绘)

图 2-2　双峰式(马伯钦改绘)

(3)偏重式：是山水盆景中最常见的形式。通常将山石分为两组，一组为主体，另一组为客体，分别放置在盆器长边的两端。主峰宜高大雄伟、挺拔耸立；客峰宜低平、矮小，两组山石在体量和重量上形成较大差异，因此称为偏重式。在布局造景时，切忌将两组山石置于和盆器长边相平行的一条直线上，应前后交错(图 2-3)。

偏重式山水盆景也可分为高峻型、雄壮型和清秀型。高峻型的主山石高耸险峻，主山石高度约为盆器长度的70%左右；雄壮型的主山石高度约为盆器长度的30%~55%(多数为45%左右)；清秀型的主山石高度约为盆器长度的60%左右，若感觉两组山石的画面不够完善，可在主峰旁放置第三组山石，这组山石应竖立且体量比客体小，同时在第三组山石和客体之间应仍有较为广阔的水面。

偏重式常选用长方形盆或椭圆形大理石浅口盆，长∶宽宜为5∶2。瘦长形的盆器可显得水面更加广阔，达到“一勺则江湖万顷”的艺术效果。

(4)深远式：“自山前而窥山后，谓之深远”(郭熙《山水训》)，意为从山前的峡谷间观望山后的景物称为深远。深远式也称为全景式、开合式，将近景、中景、远景巧妙地置于一盆中，浑然天成地展现出规模宏大、气势磅礴、层次丰富、意境深远的景观。深远式

图 2-3　偏重式(马伯钦改绘)

图 2-4　深远式(马伯钦改绘)

创作时，将近景、中景各置于盆器的左右两端，远景峰峦低矮绵长，山石常横用，从远处望去，近景和中景之间的水面被远山连结在一起(图 2-4)。

三组山石在盆中的位置切忌呈等边三角形，远山靠近中景或近景，在中间会显得画面呆板刻意。深远式常用长方形大理石浅口盆，比偏重式浅口盆更宽，这样才能展现出景物的深远之感，长宽比宜为 2∶1。

(5)平远式："自近山而望远山，谓之平远""平远之意冲融，而飘飘渺渺"，平远的意境淡漠而微茫。平远式山水盆景的峰峦都不宜高，主山石高度通常为盆器长度的 1/5 左右，峰顶较为圆滑(图 2-5)。常用来表现水域辽阔的江南鱼米之乡风光，在平远式山水盆景中点缀数只小舟，增添生活气息，使景物的画意更浓。

图 2-5　平远式(马伯钦改绘)

硬石和软石都可制作平远式山水盆景，软石容易加工，比硬石更加适合平远式山水盆景的制作。锯截雕琢石料时应特别注意山脚的完整度，布局时注意山石和水面在盆面所占的比例，通常，山石占盆面的 1/3，水面占盆面的 2/3。

由于平远式山水盆景中的峰峦较低矮，因此常栽种树木形态的草本植物进行软化，使得画面比例得当。

(6)高远式："自山下而仰山巅，谓之高远""高远之势突兀"(突兀：指山峰高耸险峻)。高远式通常用来表现挺拔险峻、高耸入云的名山大川之景(图 2-6)。

常选用刚劲有力的斧劈石、木化石、锰矿石等硬质石料，同一作品选用山石的色泽、纹理应基本一致，达到统一和谐的效果。高远式山水盆景的峰峦较高，尤其是主峰，通常高于盆器长度的 80%左右。高远式山水盆景常选用圆形、椭圆形盆器，盆器弧形的线条与山峰刚直的线条相呼应，达到刚柔相济的效果。

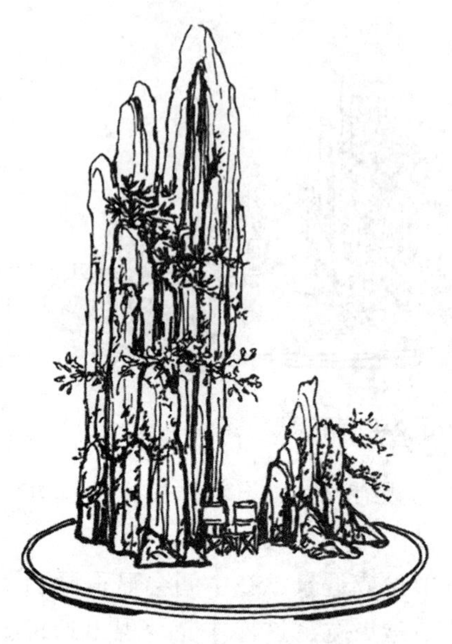
图 2-6　高远式(马伯钦改绘)

(7)群峰式：又称为群山式、组合式(图 2-7)。盆内由 3 组以上的山石组成，由于峰峦较多，不同的表现主题组合成不同的样式，因此又称为组合式。群峰式注重主峰、次峰和配峰的区分，尤其是主峰，应在高度和姿态上胜于其他峰峦。

由于峰峦较多，在布局上较为灵活，有千变万化的布局方式，但不宜将主峰单独放置，主峰、次峰和较大体量的配峰周围都可摆放一些小山石，摆放时应注意前后交错，避免绝对对称，要注意对比与调和，使画面和谐稳定。

(8)散置式：布局比偏重式、深远式等形式要灵活得多(图 2-8)。常见的散置式盆景形式有 3 种。

第一种是在次峰较矮的(次峰高度是主峰高度的 3/5 左右)深远式山水盆景的基础上加以改造，把次峰适当向后移动，但不能与主峰在一条直线上。在主、次峰前面以及主、次峰之间，摆放几块比次峰矮的山石即可。

第二种形式是以两块不同高度且姿态佳的山石为主，主峰和次峰的距离应近一些，主峰置于盆器中央，次峰置于盆器右端，在盆的左端以及主、次峰周围放置一些小山石成散置式盆景。

第三种形式是把高大的主峰置于盆器中央，在盆的一侧放置次峰，盆的另一侧放置第三高度的一组山石，在其他位置再摆放几块小山石作山脚，绿化后放置小配件进行点缀。

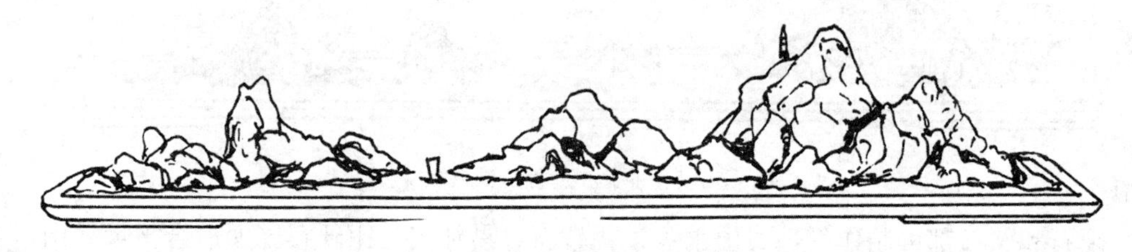
图 2-7　群峰式

图 2-8　散置式

(9)悬崖式：用来表现悬崖峭壁、挺拔险峻的自然景观，是最富有动势的盆景类型(图2-9)。制作悬崖式山水盆景，主要运用硬石材料，也可用软石。主峰上部伸出中心线之外相当大一部分，才能更好地展现出悬崖的韵味，因此，在造型时处理好“险”与“稳”的关系尤为重要。险中求稳的主要方法有两种，一是延伸与主峰弯曲或倾斜方向一致的山脚长度，呈变形的“C”；二是增加与主峰倾斜方向背面山石的重量。

图2-9 悬崖式(马伯钦改绘)

(10)倾斜式：其山水盆景的主峰都需要有一定倾斜度(图2-10)。

盆内所有山石都朝一个方向倾斜，具有较强的动势。主峰比较高大雄伟，其布局类似于偏重式或散置式。制作倾斜式山水盆景时，应注意各个峰峦倾斜的角度要和主峰保持一致，且倾斜的角度不可过大或过小。若倾斜度过大会给人以不稳定感；若倾斜角度过小，则动感的效果不佳。通常来说，主峰的中心线和盆面夹角以45°左右为宜。

(11)峡谷式：其山水盆景用来表现江河经过深而狭窄的山谷时两旁峭壁耸立的自然景色(图2-11)。

图2-10 倾斜式(马伯钦改绘)

图2-11 峡谷式(马伯钦改绘)

制作峡谷式山水盆景时常选用长方形盆或椭圆形盆。可采用硬石，也可采用软石。造型多用两组峰峦相峙、中间夹一河的布局。两组峰峦呈奇峰突起、高峻雄伟之势，主、次峰之间形成峡谷，两组峰峦适当近些为宜。两组峰峦要有主次之分，外形应有所变化，接近盆器前沿的两组峰峦(也就是峡谷前口)要适当矮些才显得更加自然。

峡谷中的水道应有一定弯曲，水道笔直缺乏含蓄的意境。若在水道中点缀几只小舟，若隐若现，静中有动。峡谷中的水道应近宽远窄，弯曲而无尽头，符合透视原理才能使盆景的意境更加深邃。

(12)洞窗式：其山水盆景，是把自然界中的山洞进行夸张、变形和艺术化以后的一种盆景形式(图 2-12)，就如同在山体中央开了一个大窗户，观赏者的视线通过其洞窗可以看到山峰后面的景物。造型时应注意 3 点。①洞窗要适当大些，不得影响观赏者的视线，应以能看清山后的景物为准；②洞窗基本在山峰的中央，可适当靠左或靠右，但不能偏离中心太远，通常，洞窗上部应视主峰顶部；③洞窗应加工成不规则形，切忌呈圆形或正方形，否则显得造作而不自然。

图 2-12　洞窗式(马伯钦改绘)

有洞窗的山峦为近景，洞窗的后面可放置远山或塔、亭、小舟作远景，这样的布局能增加景物的前后层次，增加山洞的幽深感。一件盆景作品有 1~2 个洞即可，山洞太多会使景物支离破碎。

软石、硬石均可用于制作洞窗式山水盆景。由于硬石加工困难，因此，用硬石做洞窗式山水盆景时，以选石为主。

(13)象形式：其山水盆景主要表现自然界千姿百态的象形景观，如象鼻山、棒槌峰等，再经过提炼、升华、艺术加工而创作出来的盆景(图 2-13)。

象形式山水盆景的布局重点是突出象形主峰，使景观集中、一目了然；配峰宜简洁，起衬托作用。造型时尽量利用石料的天然形态，借助于自然天成，适当进行一些艺术加工，不宜过分强调具象。

(14)立障式：在盆器中放置一块浑厚、高大、直立像屏障的峰峦，因此称为立障式(图 2-14)。立障式的山石顶部不宜起伏过大，峰峦的宽度应大于高度。为衬托主体峰峦的高大雄伟，在主峰的另一端摆放一组较矮小的小山石。或是把一侧高一侧低的山石置于盆

图 2-13　象形式(马伯钦改绘)

图 2-14　立障式(马伯钦改绘)

器的中后部，山石宽度为盆器长度的 70%左右，且宽高比为 5∶3 左右。在盆器无山石一端放置 1~2 组矮小山石，点缀 2~3 只小舟，增添景物的意境。

(15)联体式：其山水盆景中的峰峦从观赏面看似联在一起的，如群山绵延(图 2-15)；主峰可以在盆器中央，也可以靠盆器的一端；山石占盆面比重在 70%左右，其余为水面，配件与意境要相统一。

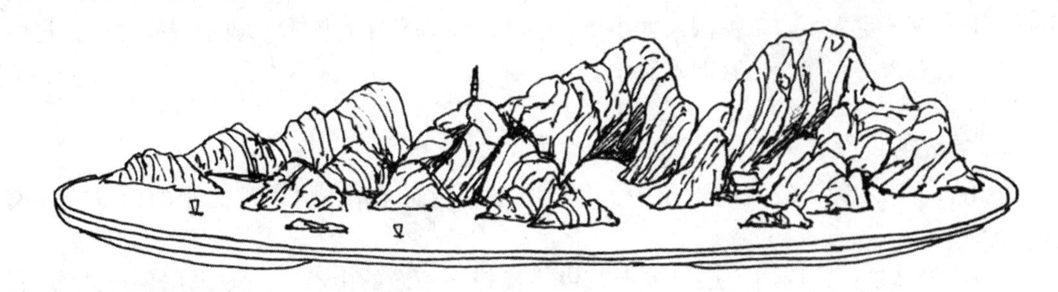

图 2-15　联体式(马伯钦改绘)

(16)附石式：又称为攀石式(图 2-16)。是山水盆景与树木盆景巧妙融合为一体的一种盆景形式，山水盆景中的附石式与树石盆景区别有二：一是山水盆景中的附石式盆景中有水无土；二是山水盆景中的附石式盆景要求石大树小。

图 2-16　附石式(马伯钦改绘)

附石式盆景的造型也不尽相同，有的树根生长在山石外面，有的抱石而生；有的树木生长在山石洞穴之中，山石的洞穴如同栽种树木的容器。

①根抱石的附石式盆景

——挑选一株根系发达、观赏性好、抗逆性强的树木，在春季换盆时剪除部分主根，在侧根之间放置一块大小适宜的山石，用塑料绳把树根固定在山石上，一起栽于盆中。

——翌年春天把树木和山石从盆中抠出，用水冲去根部泥土使树根裸露。再根据几个较大侧根的形态走向，在中等硬度的山石上凿出一定宽度和深度的沟槽，把侧根嵌入沟槽之中，用塑料绳把树根固定在沟槽之中；在山石外包裹一层草席并用塑料绳固定好，把山石树木一起栽植于较深的大小适宜的盆器中；用铁皮或油毡在盆内侧打围，在围内填充疏松培养土，使树木得以生长，因此围要有一定高度，使培养土没过树根；培育一年后在逐渐把围降低；

——第四年春，把树木山石从盆中取出，去掉捆扎物，冲去泥土，对根系和树干进行修剪，放置在较浅盆中，即可进行展示。

②树根生于山石洞穴中的附石盆景　该种形式的盆景制作简单，关键是挑选有洞穴的山石，洞穴有一定大小。依据洞穴大小挑选一株已经造型好的树木，栽于洞穴之中，把山石树木放置在大小、深浅适宜的盆器中。

2. 旱盆型山石盆景常见形式

将山石、草木置于较浅的盆器中，盆内有土、沙而无水，以表现无水的山景或沙漠风光。

(1)沙漠盆景：常选用千层石或石纹纵横交错、苍老的山石，一般采用偏重式布局，将主、客体两组山石分置盆器的左右两端，在两组山石之间留有较广阔的空间，进行沙丘状地貌处理，在盆面适当点缀骆驼等具有沙漠风情的装饰配件(图 2-17)。

除了单纯的沙漠风情外，还有沙漠绿洲的模拟景观。在盆器的一端放一组较大体量的山石，在另一端制作“湖泊”。用一块大小适宜的椭圆形玻璃或透明浅绿色塑料，在玻璃上

图2-17 沙漠盆景(苏本一、马文其)

涂一层浅绿色油漆，把油漆面朝下，将边缘埋入沙子里，在“湖泊”周边点缀绿色麻丝作为草地。在草地上疏密有致地摆放一些小羊配件，除山石、湖泊、草地外，其余盆面营造成沙丘状，在山石上摆放一些古建筑配件，营造一种沙漠古遗迹的景象。

(2)山林风光盆景：根据设计在盆内适当位置植树布石，在盆面铺青苔或栽种小草，展示山林一角的风光(图2-18)。制作该盆景时，通常石大树小或树大石小，重在主次分明。制作此盆景，应用比山水盆景更深一些的盆器，先在盆中放置一块形态优美、高大雄伟的山石，在山脚处栽植一株或几株叶片较小、观赏价值高的树木，注意树与石之间的距离不宜过大，使树石在画面中融为一体。或是根据立意构思，先在盆内栽种高矮不一、形态不等的2~3株姿态优美的树木，在适当位置放置2~3块形态奇特且比主树矮的山石。

图2-18 山林风光盆景(傅姗仪)

(3)竹石图：竹子被人们视为刚直、贞洁和谦虚的美德君子象征，而石头也被视为坚毅、正直的品格象征，古代便有许多画家将竹子与山石绘在一起。当代一些盆景爱好者受古代诗人和画家的启发，将山石和竹子置于同一浅盆中，竹秆通直，为达到刚柔并济的艺术效果，可选用外形较为浑厚、圆润的山石与之相映成趣。

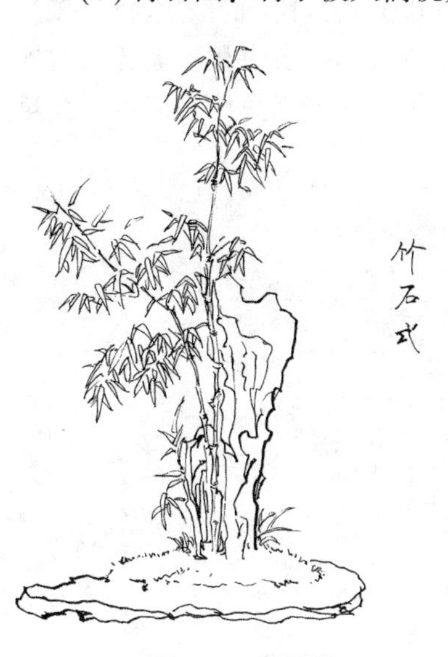

图2-19 竹石图
(苏本一、马文其)

制作竹石的旱石盆景时，通常依据竹子高矮和数量挑选姿态佳的山石，进行立意构图。先把竹子栽种在盆器的一端，靠竹子不远处放置一块形态奇特的山石，用青苔覆盖盆面，再点缀熊猫或人物等小配件进行丰富(图2-19)。

(4)山林雪景：制作该形式盆景，宜采用偏重式布局(图2-20)。可依据山石挑选盆器，也可以依据盆器挑选山石。通常来说，用以制作山林雪景式盆景的盆器比一般的山水盆景用盆要深一些，以利于栽种树木，树木应选择适应性强、根系发达的落叶树种，如榆树、荆条等。

图 2-20 山林雪景(仲济南、王志英)

根据立意放置主峰和次峰，布局参考偏重式。山石放置完毕后，在盆内适当位置根据透视原理(近大远小等)，疏密有致地栽种姿态优美的树木。在冬季树木落叶后，在主峰旁放置大小适宜的茅草屋和人物配件，把汉白玉粉末洒在各构件上，表达瑞雪景色。或者将栽种的树木用干枯的树枝代替，同时也可在各个季节观赏到山林雪景的风光。

3. 水旱型山石盆景常见形式

水旱型山石盆景是把水石型山水盆景和树木盆景有机地融为一体的盆景形式。特点是在一盆中既堆山砌石布水又栽种树木，盆面中既有水又有土。表现内容丰富，形式多样，根据布局、用材、表现景观的不同，可分为以下几种形式。

(1)江河式：表现江河两岸山峦树木风光(图 2-21)。利用一条近宽远窄、蜿蜒曲折的“江河”将盆面分为大小不同的两块旱地，令人产生一望无际的视觉感受。水道面积较小，通常只占盆面面积的 1/6 左右，在旱地栽种高低不同、疏密有致、大小不等的数株植物，点缀适当配件，丰富景观。

(2)畔水式：根据立意构图，用硬质山石作堤岸，将盆面分成大小不等的两块(图 2-22)。堤岸山石应有一定弯曲，堤岸上部要有起伏，切忌将堤岸砌成直线。水面和旱地各占盆器的一端，水面占比较小，约为 1/4~1/3。根据设计在旱地栽种几株姿态尚佳的树木，在旱地和水面的交接处摆放小山石，营造自然的水畔风光。

图 2-21 江河式(苏本一、马文其)

图 2-22 畔水式(苏本一、马文其)

图 2-23　湖海式(苏本一、马文其)

(3)湖海式：水面占盆面的比重较大，约为2/5~1/2，水面将旱地分为大小不等的2~3块，广阔的水面才能展现湖海水天相接、烟波浩渺之意，通常在旱地栽种的树木不宜太密、太高(图2-23)。

(4)岛屿式：再现江、河、湖、海中的岛屿风光(图2-24)。自然界中的岛屿都是四面环水的，盆景中的岛屿可三面环水，后部与盆后沿相接。在岛屿上栽种1~2株树木，在旱地与水面相接处摆放几块小山石，可在水中点缀几只水禽等，增加盆景的内容。

4. 其他形式山水盆景

(1)微型山水盆景：人们习惯把盆器长在5~15cm以下的盆景划入微型盆景范畴，5cm以下者划入超微型盆景之列。

微型山水盆景常置于博古架内进行展示(图2-25)，不同造型、颜色和材质的博古架，结合小工艺品(瓷器、石玩等)，使整体画面内容丰富多彩、琳琅满目。微型山水盆景的用石，以纹理优美、颜色润泽的小山石为佳，常用石料有斧劈石、木化石、英德石、芦管石、燕山石等。构图常采用偏重式、深远式或独峰式，盆器常选用汉白玉浅口小盆，由于盆长限制在15cm以内，所以用盆比普通山水盆景盆器要适当宽一些，长方形盆的长宽比为2∶1，椭圆形盆的长宽比为5∶3。

图 2-24　岛屿式(韦金笙)

(2)挂壁式山水盆景：是指把盆景艺术、工艺美术和国画形式巧妙地融为一体，可挂于墙上的一种山水盆景(图2-26)。

挂壁式山水盆景的造型原理和普通山水盆景基本相同，不同之处是普通山水盆景的山石底部和盆面相接触，而挂壁式山水盆景则是山石侧面与盆面相接。因此，为了粘贴牢固，山石应适当薄一些。布局常用偏重式、平远式和散置式，常用石料有芦管石、浮石、斧劈石、英德石、砂片石、燕山石等。为使山石与盆面粘贴牢固，可对粘贴山石的盆面部分进行打磨，根据盆景的体量选择大小适宜的植物进行栽种，再根据立意构图在盆面适当部位提名、落款。

图 2-25　微型山水盆景

图 2-26　挂壁式山水盆景

(3)立屏式山水盆景：又称为立式盆景(图 2-27)。把浅口盆、石板或塑料板竖立在特制几架上，在盆面粘贴山石、栽种树草，成为一幅立体的有生命的画。

选材与挂壁式山水盆景相似，山石应选择轻薄一些的，山石与盆器或背景石板的颜色对比应明显，盆景应能稳定地立于几架上。

(4)云雾山水盆景：是指将现代电子技术与传统的山水盆景巧妙结合的一种盆景形式(图 2-28)。加水通电后，云雾缭绕，给静态的山水盆景增添了动态美，同时起到加湿器的作用。

图 2-27　立屏式山水盆景

图 2-28　雾化山水盆景

制作云雾山水盆景应注意以下两点：一是用盆应比普通山水盆景用盆要深，盆器必须有一定深度才能使得盆内的水雾化；二是山石应有适当宽度，山石不宜过窄，否则无法完美隐藏雾化装置，通常高山之上才会有云雾缭绕的美景，因此也不宜采用平远式造型。用石既可用软石也可用硬石。

(二)不同地方流派山水盆景的造型、技法特点

目前我国盆景流派的划分，主要是以树桩盆景为主，各地山水盆景虽然也各具一定的特色，但远没有树桩盆景明显。因为山石的分布不像树木那样受到气候的严格限制，山石的储存和运输要比树木容易得多，也不存在是否成活的问题。但山水盆景在发展的过程中依旧受到当地民俗风情、山形地貌、自然景观等影响，逐渐形成不同的地方流派风格。

1. 江苏山水盆景

江苏山水盆景历史悠久，江苏地处长江中下游，河流成网，丘陵连绵，盛产制作山水盆景的石料，为江苏山水盆景的发展奠定了物质基础。

江苏山水盆景注重对诗情画意的表现，布局、造型、款式多样，不拘一格，注重树木与山石的比例协调，并讲究山石的位置和树木的姿态(图2-29)。江苏山水盆景表现题材广泛，除当地山水风光外，还有不少作品表现国内其他地区的名山大川、名胜古迹景致。

图2-29　江苏山水盆景(彭春生)

2. 四川山水盆景

四川山水盆景以成都为中心，力求用艺术的手法再现巴山蜀水的独特地貌。蜀国自古多仙山、遍古迹，形成幽深、秀丽、险峻、雄伟的艺术风格。四川盛产砂积石、龟纹石、芦管石，尤以川西产的砂片石最具盛名，瘦漏出奇、纵向褶皱，得天独厚地再现巴蜀的山川地貌。

四川山水盆景布局和造型较为简练，寥寥山石的巧妙搭配，表现出一幅灵动的画面，以少胜多(图2-30)。形式多为高远式或深远式，层峦叠嶂、挺拔险峻。四川山水盆景注重草木的使用，因此常在山石缝隙或洞穴处栽种草木，使景致更加真实、生动，但较少点缀构筑物、人物、动物等配件。

3. 岭南山水盆景

岭南山水盆景主要是指广东、广西的山水盆景风格。广东大部分为山地丘陵，因此石料资源丰富，其中以英德地区产的英德石(简称英石)最为著名，广东山水盆景以秀丽的南

图 2-30　四川山水盆景(彭春生)

图 2-31　岭南山水盆景(彭春生)

国风光为主要题材，形式多样(图 2-31)。广西山水盆景主要再现桂林地区山清水秀、石美洞奇的自然景色，常采用当地产的钟乳石、芦管石、墨石等石料，其中最为出类拔萃的当属钟乳石山水盆景所展现的漓江两岸优美的自然风光。

4. 上海山水盆景

上海制作山水盆景的石料匮乏，基本上取自全国各地，种类齐全，但多为硬质石料(图 2-32)。上海山水盆景主要分为两大类：一是平远式，以表现远山见长，常选用易于锯截雕琢的软质石料，如浮石、海母石、芦管石等；二是高远式，以表现雄奇险峻的近景，常采用斧劈石、木化石、石笋石等硬质石料。上海山水盆景常在盆内点缀做工精湛、比例适宜、符合主题的配件，起到画龙点睛的作用。

图 2-32　上海山水盆景(上海市盆景赏石协会)

5. 湖北山水盆景

湖北的山地丘陵占全省面积的大部分，石料资源丰富，有砂积石、芦管石、龟纹石、黄石等几十种(图 2-33)。湖北水系发达，故有“千湖之省”的美誉。

6. 北方山水盆景

北方山水盆景是指黄河流域及其以北广大地区的山水盆景(图 2-34)。北方盆景历史悠久，但发展缓慢。河北的千层石盆景、辽宁的木化石盆景、吉林的浮石盆景都具有明显的地方特色，是北方山水盆景的代表。

图 2-33　湖北山水盆景(彭春生)

图 2-34　北方山水盆景(彭春生)

(三) 山水盆景制作材料的识别

我国幅员辽阔，地质结构复杂，石料资源丰富，适宜制作山水盆景的石料种类繁多。在距今 1000 多年前的宋代，对山水盆景的用石已有较为详尽的理论研究成果，如宋代杜绾在《云林石谱》一书中写道“石品一百一十六种”，对各种石料的产地、形状、色泽等都有详细的描述。制作山水盆景的石料种类虽多，但可归纳为两大类：一是质地疏松、轻、吸水性好、易于加工的软质石料(又称为软石或吸水石)；二是质地坚硬、重、吸水性极差、不易加工的硬质石料(又称为硬石)。制作山水盆景的材料除上述两大类自然山石外，也可用一些代用材料，如树皮、煤石、枯木、贝壳、砖块等。

1. 软质石料

(1)浮石：又称为水浮石、浮水石，学名沸浮石(图 2-35)。主要产于各地火山口附近，如吉林长白山、延边、黑龙江、嫩江等地。

浮石由火山喷发后的岩浆泡沫冷凝而成，因质轻能浮于水面而得名。内部多孔穴，吸水性强，有白色、灰黄、灰色、黑色等。浮石质地软硬度差别较大，孔隙大小不一，孔隙小的可加工

图 2-35　浮石

雕刻出细密纹理。浮石形状较为单一，缺少天然纹理，因此由浮石制作的峰峦形态及纹理基本都是由人工雕刻而成。浮石坚固性较差，因此不适用于大型山水盆景的制作，常用于制作中、小型和微型山水盆景，最适用于平远式山水盆景的制作。

(2)砂积石：根据砂粒大小又分为粗砂积石和细砂积石，因产地不同色泽不一，有黄色、灰褐色、棕红色等(图 2-36)。主要产于浙江、安徽、广西、四川、湖北、山东、北京等地。

由泥沙和碳酸钙凝集沉积而成，含泥沙多者石质较疏松，吸水性好，但坚固性较差，适于做矮山、远山、岛屿、礁矶等的用石；含碳酸钙多者质地较硬，吸水性较差，适于制作大、中型山水盆景的主峰。

(3)芦管石：分为粗、细两种，粗者如竹秆，细者如麦秆，因此又有麦秆石之称(图 2-37)，有黄色、黄黑色、白色等。主要产于广西、湖南、湖北、浙江、安徽、山西等地。

由泥沙、碳酸钙和植物残体(树木枝叶、芦苇、草等)胶合而成，形成粗细不同、纵横交错的管状孔洞。芦管石质地不均，较疏松、吸水性较好的可制作中、小型山水盆景；质地较硬的可制作大型、巨型山水盆景，特别是较高大的山峰。

图 2-36　砂积石

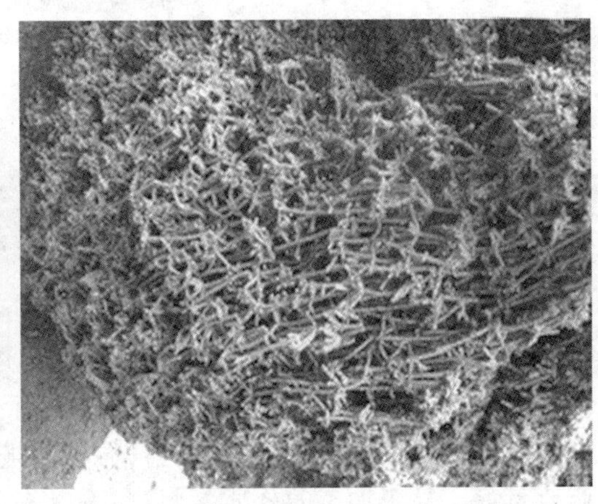

图 2-37　芦管石

(4)海母石：又称为海浮石、珊瑚石，学名六射珊瑚(图 2-38)。主要产于福建、广东、海南等地。

海母石的主要成分是石灰质，分为粗质和细质两种，细质海母石疏松均匀，易于雕琢；粗质海母石外形、纹理优美，但质地较硬，不易雕琢。海母石一般为白色，吸水性好，由于海母石体量较小，常用于制作中、小型山水盆景。由于海母石产于海洋中，盐分较多，在栽植花木前必须用清水充分清洗，否则影响植物正常生长。

(5)鸡骨石：因其颜色、结构、纹理与鸡骨相似而得名(图 2-39)，有土黄、棕红、灰白、红褐等颜色。主要产于河北、山西、安徽等地。

鸡骨石的主要成分为二氧化硅，呈不规则空隙，质地不均匀，分为吸水性好和吸水性差两大类。不易雕琢纹理，因此适宜制作近景式山水盆景，不宜制作微型盆景。

图 2-38　海母石

图 2-39　鸡骨石

2. 硬质石料

(1)斧劈石：又称为劈石(图 2-40)，属页岩类。最为常见的颜色为深灰色、黑色，其余颜色还有黑土黄、土红(五彩斧劈石)、灰夹白色(雪花斧劈石)等。主要产于四川、重庆、江苏、浙江、安徽、贵州等地。

斧劈石纹理通直、刚劲有力。质地坚硬而脆，多呈条状或片状。适宜制作崇山峻岭、直入云霄的高峰或石林风格的盆景。

(2)英德石：又称为英石(图 2-41)，因产于广东省英德市而得名。颜色多为灰黑色或浅灰色，偶有纯白色。英德石有正、背面之分，正面纹理清晰，多孔而表面嶙峋；背面平淡，几乎无纹理。质地坚硬，不吸水，极难雕琢，因此以选石为主。用途很广，适用于多种盆景类型的制作。

(3)木化石：又称为树木化石(图 2-42)，学名硅化木。产于辽宁义县、北票市，浙江永康市，重庆永川区，北京延庆区等地。

图 2-40　斧劈石

图 2-41　英德石

形似枯木，实为化石，既有树木的形态纹理，又有岩石的质地。因其树木中种类不同，所以形成的木化石种类及颜色多样，有浅黄、黄褐、灰粽、赤铁等颜色。木化石多为纵向纹理，质地坚硬，不吸水，难雕琢，制作时通常取其自然形态。木化石纹理美观，材质耐久，产量稀少，因此是山水盆景材料中的名贵石种。

(4)龟纹石：又称为龟灵石(图 2-43)，为石灰岩的一种。产于四川、安徽、湖北、山东等地。

龟纹石表面裂纹相互交叉，形似龟背纹理，有深灰、褐黄、灰白等颜色。龟纹石质地坚硬，体态古朴浑圆，具有自然情趣。吸水性差，石内无孔洞，仅一两面具有纹理。是制作水旱盆景水岸线的佳材。

图 2-42 木化石

图 2-43 龟纹石

(5)千层石：是水石岩的一种(图 2-44)，深灰或土黄色，中间夹一层浅灰色石砾层。产于山东、江苏、浙江、北京、安徽等地。

图 2-44 千层石

千层石外形凹凸不平，似久经风沙的侵蚀状，纹理横向。千层石质地坚硬，不吸水。常用于制作沙漠风光的水旱盆景。

(6)石笋石：又称为白果石、虎皮石、松皮石、剑石(图 2-45)。产于浙江长兴县一带。

石笋石因呈长条形笋状而得名，有青灰色、淡褐色、土黄等颜色，其中夹有白色砾石。若白色石砾风化成蜂孔者称为“风岩”，砾石为风化者则称为“龙岩”。石笋石质地坚

硬，不吸水，难雕琢，可锯截。宜制作险峰或石林风光，也可在竹类盆景中作配石。

(7)钟乳石：是石灰岩溶洞中的产物，多为乳白色(图2-46)，产于广西、广东、浙江、安徽、云南等地，其中以广西地区出产的钟乳石最负盛名。

钟乳石自然形态多为上部大、下部小的圆锥形实体，石内鲜有孔洞。钟乳石质地坚硬，制作盆景是通常保持其鬼斧神工的自然形态，因此，以选石为主，通过锯截拼接进行构图。

图2-45 石笋石

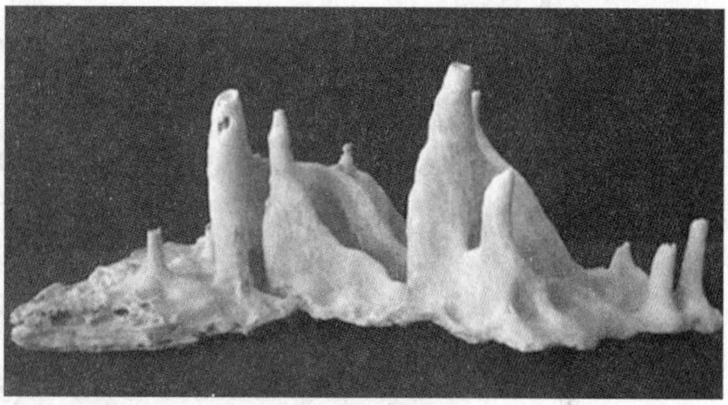

图2-46 钟乳石

(8)太湖石：又称为湖石(图2-47)，有灰白、青黑等颜色。因产地不同可分为南太湖石和北太湖石，南太湖石主要产于江苏太湖、宜兴、安徽巢湖、湖北汉阳、浙江长兴等地，北太湖石主要产于北京房山等地。

太湖石形态奇特，石内有许多孔洞，孔洞相通，玲珑剔透，线条浑圆而柔美。属石料中的上乘材料，适于大型山水盆景的制作。

(9)砂片石：是表生砂岩(图2-48)，分为两种。一种是青砂片，为青色，属于钙质砂岩；另一种是黄砂片，为锈黄色，属于铁质砂岩。各地古河床中均有出产，以四川西部一带出产的砂片石最为著名。

砂片石多呈片状，表面砂粒均匀，纹理以直线为主，间或有曲线。质地较硬，可进行锯截，有一定的吸水性，养护得当可生青苔。宜制作山水盆景中之幽谷、悬崖、险峰。

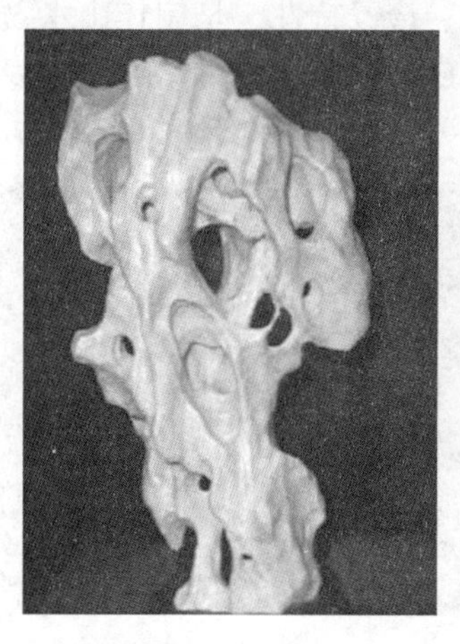

图2-47 太湖石

图2-48 砂片石

(10)燕山石：属沉积岩类(图 2-49)，原始山石为土黄色，有灰青、褐色、褚红夹青、纯白、青灰夹黄等颜色，产于北京西部山区。近年来发掘的燕山石中最具特色的有云纹石和虎皮石。

原始山石的纹理不明显，经稀盐酸溶液浸泡片刻后会显现出优美细腻的纹理，纹理间的疏密相差悬殊。燕山石多呈不规则的棱形，质地坚硬，不吸水。适用于中、小型山水盆景和微型山水盆景的制作，尤其是平远式山水盆景的制作。燕山石产量少，一经发现就受到盆景爱好者的青睐。

(11)孔雀石：是铜矿石的一种(图 2-50)，因具有美丽的孔雀绿和近似孔雀羽毛的花纹而闻名。产于各地铜矿。

孔雀石色彩艳丽明快，而且有光泽。质地较松脆，形态奇特，常呈片状、蜂巢状、钟乳状等形态。制作时应挑选色泽、纹理相对一致者，略微加工即可。

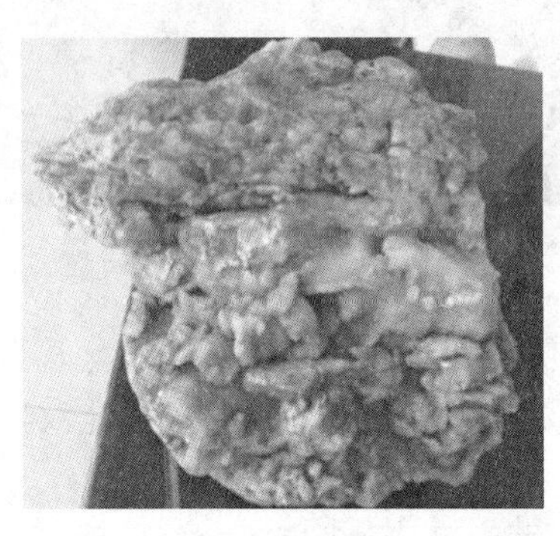

图 2-49　燕山石

图 2-50　孔雀石

(12)锰矿石：又称为锰石(图 2-51)，多为深褐色，有的近似黑色。主产于安徽西北部山区等地。

锰矿石质地致密坚硬，吸水性差。表面多呈竖向纹理，适宜制作雄伟挺拔的险峰。

(13)昆山石：又称为昆石(图 2-52)，洁白晶莹，有的白中带黄，因产于江苏昆山市一带而得名。

昆山石质地坚硬而脆，形态多玲珑剔透，具皱、透等特性，是制作山水盆景的优质材料，同时也是我国传统的雅石石种之一。用纯白的昆山石制作的山水盆景可表现冰天雪地的北国风光，别有一番韵味。

图 2-51　锰矿石

图 2-52　昆山石

(14)菊花石：是指藏在河床底的奇特石料，通常呈椭圆形，色泽以黑色为主，黑色中夹有白色晶花，形似盛开的菊花，因而得名(图2-53)。产于湖南、广东等地。

菊花石质地坚硬而脆，不吸水、极难雕琢，多作雅石观赏，也可作山水盆景。胶合时应将胶合剂调色至与石料颜色相近为宜。

(15)灵璧石：又称为磬石(图2-54)，属石灰岩。有浅灰、灰黑、白色等颜色。主要产于安徽灵璧县。

灵璧石的外形与英德石相近，但石表面较光滑，比英德石纹理少。质地坚硬，敲击时发出悦耳的声音，不吸水。

图2-53　菊花石

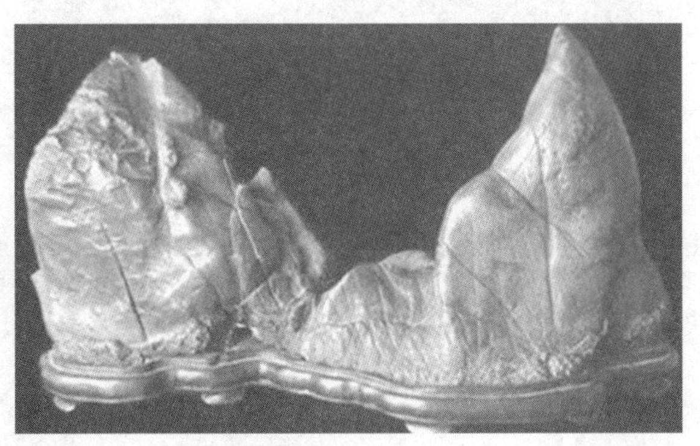

图2-54　灵璧石

(16)鹅卵石：又称卵石(图2-55)，颜色丰富。产于海、河、湖、溪。

鹅卵石具有独特的色泽、纹理，多呈卵圆形、圆形、椭圆形或扁圆形。质地坚硬，不吸水，表面光滑，不能雕琢。制作时主要依靠选石和胶合进行布局。用卵石制作的山水盆景浑厚粗放，别有情趣。

(17)宣城石：宣城石又称宣石(图2-56)，洁白如玉。主要产于安徽宣城、宁国一带。

其棱角分明，质地坚硬，皱纹细而多变，呈多面结晶状，难以雕琢，不吸水。用宣城石制作山水盆景应挑选自然形态，纹理基本相似的石料，适宜表现冰川雪景。

(18)大理石：大理石又称大理岩(图2-57)，是变质后所有石灰岩的统称。有白色如玉者，称为汉白玉；有白色中带雪花状晶体者，称为雪花白；有夹花纹状者；有黑色、灰色、褐红、绿色等颜色。主要产于云南大理、北京房山等地。

(19)其他常用石料：除以上介绍的石料之外，制作山水盆景比较常用的石料还有以下几种。

墨石　属石灰岩，色黑如墨，有一定的吸水性，纹理似龟纹石，产于广西。

雪花石　属石灰岩，颜色为天然黑、白交错，适宜冬景的表达，产于江苏丹阳。

钟山石　属石灰岩，紫红褐色，产于湖南潇水。

崂山绿石　属变质岩，暗绿色中有白色或黑色条纹，花纹清晰，产于崂山印口。

图2-55　鹅卵石

图 2-56　宣城石

图 2-57　大理石

海蚀石　受潮汐、浪击等作用形成的外形奇特的沿海山石，产于山东、海南、福建等地。

三、作业与要求

归纳出不同流派盆景的造型特点，熟悉不同石料的特性，掌握山水盆景最基本式的艺术特色，写出实习报告。

实习3 树石盆景类型及其材料的识别

一、目的

熟悉树石盆景的基本类型，掌握树石盆景的树和石料特点。

二、内容与方法

以植物、山石、土为素材，分别应用创作树木盆景、山水盆景手法，按立意组合成景，在浅盆中再现大自然树木、山水兼而有之的景观神貌的艺术品称为树石盆景。结合树石盆景的实物或多媒体图片展示，讲述树石盆景类型以及所用材料的种类和特点。

三、树石盆景分类

树石盆景按表现景观的不同，分为旱盆型、水旱型、附石型 3 种。

1. 旱盆型

旱盆型不同于树木盆景，是旱地(地形、地貌)、树木、山石兼而有之的景观，意境幽深，如诗似画。旱盆型表现的意境，分为自然景观型、仿画景观型两种。

(1) 自然景观型：再现大自然孤木，疏木之旱地树木、山石兼而有之自然景观。

(2) 仿画景观型：仿中国画意，再现大自然孤木，疏林之旱地树木、山石兼而有之自然景观。

2. 水旱型

水旱型是综合树木盆景、山水盆景之长，意境典雅，如诗似画。

水旱盆景依据表现手法的不同，可分为水畔型、溪涧型、江湖型、岛屿型、综合型 5 种。

(1) 水畔型：再现大自然溪畔两侧自然景观。盆景表面分别为旱地和水面，用山石来分隔水面与盆土(图 3-1)。旱地栽种树木，布置山石；水面部分放置配件，点缀小山石。水面与旱地的面积不等，一般旱地稍大。分隔水面与旱地时注意分隔线曲折。

(2) 溪涧型：再现大自然山林溪涧自然景观。盆中两边均为山石、旱地和树木，中间形成狭窄的水面，呈山间溪涧状，在水面中散置大小石块(图 3-2)。两边的旱地必须有主次之分，较大一边的旱地上所栽的树木也应较多、较为高大；另一边则反之。另外，还可通过溪涧形状的曲折迂回，中间山石高低、大小变化，以及树木的近低远高，来表现景物的深远效果。这种形式主要表现山林溪涧景色，极富自然野趣。

图 3-1　水畔型

图 3-2　溪涧型

(3)江湖型：艺术地再现大自然江河湖泊远景自然景观。盆中两面均为旱地，山石中间为水面，后面还可有远山(图 3-3)。旱地部分栽种树木，驳岸较平缓。水面则较溪涧式开阔，并常放置舟楫或小桥等配件。布局时须注意主与次、远与近的区别，水面不可太小，水岸线宜曲折、柔和、多变。这种形式适宜表现自然界江、河、湖泊的景色。在创作中，可以表现多种形式的题材，将多种形式有机地结合起来，形成一种较复杂的布局形式，如将岛屿式、溪涧式、水畔式相结合。

(4)岛屿型：艺术地再现大自然岛屿自然景观。盆中间部分为旱地，以山石隔开水与土，旱地四周为水面，中间呈岛屿状。水中岛屿(旱地)根据表现主题需要可以有一至数个小岛，可以四面环水，也可以三面环水(图 3-4)。水中还可以点缀以小石块。盆中岛屿的形状不可规则，地形要有起伏，水岸线也要曲折多变。还须注意岛与岛之间的主次关系，不可平均分配。这种形式主要用于表现自然界江、河、湖、海中被水环绕的岛屿景色。

图 3-3　江湖型

图 3-4　岛屿型

(5)综合型：艺术地综合再现大自然水面、旱地树木、山石兼而有之的自然景观。在创作时，将多种形式巧妙结合，组合成较为复杂的布局形式(图 3-5)。

图 3-5　综合型

3. 附石型

附石盆景依据根系包附石缝或穿入石穴所表现的意境不同，可分为根包石型、根穿石型两种。

(1)根包石型：是指树木的根系包在山石的石缝，树木根部沿山石缝隙或山石外表面深入土中(图 3-6)。根包石型盆景主要展现的是自然界中生于山石、山崖上的老树景象，整株树木刚柔并济，虚中带实，妙趣横生。制作根包石型盆景要求所选树木根系健壮、发达，以利于将根系固定在山石的一定位置。山石应选姿态奇绝的硬石为好，硬质石料的观赏性较高，耐风化的石料是理想的根包石型盆景首选石材。如没有理想的硬质石料，也可选用软质石料制作。软质石料的优点是可以随意加工，且利于树木生长发根，易养护，但不及硬石石料线条明朗。树木根系应紧贴山石而生，使其浑然一体，再现大自然树木根系包附石缝、树木、山石兼而有之的自然景观。

图 3-6　根包石型

图 3-7　根穿石型

(2)根穿石型：是将树木的根系栽植于盆器土面上的山石洞穴中(图 3-7)。它与附石式的区别是树木根系是否全部种植于石中洞穴之中。其实这两种形式都是树木利用山石作依附在盆中布局造景的一种形式。它可以是单株树木栽于石上，也可以是多株或呈丛林状栽植于石上。树木既可以栽植于山顶、山崖之上，也可以栽植于山腰山坡之中，根据主题立意的需要来安排树木的栽植位置。根穿石型树石盆景的山石选择应以软质石料中的芦管石、砂积石等为好，这些石料质地疏松，易于雕琢洞穴，便于树木栽植，加之其吸水性能好，也易于平时的养护管理。如选用硬质石料，则必须先考虑所选用石料能否合理栽植树木，并且生长良好。

四、作业与要求

归纳出树石盆景不同类型的造型特点与植物材料选择的要求，写出实习报告。

实习4
盆景园及盆景展览实习

一、实习目的

了解盆景园的功能、分区及其特点，学会盆景展览的布置方法。

二、内容与方法

盆景园是用于盆景艺术的科学普及、科学研究、创作实践、展览游憩等功能的专业性庭院，可以独立建园，也可以是园中园。我国著名的盆景园有很多，如上海植物园龙华盆景园、杭州植物园盆景园、扬州盆景博物馆、广州流花湖公园西苑盆景园、广西桂林七星岩公园盆景园、扬州市盆景园、北京植物园盆景园、天津水上公园盆景园、南通盆景园、南京玄武湖公园盆景园、四川都江堰盆景园，以及私家盆景园扬州武静园、成都胜东园盆景园、台州梁园、广东顺德花卉世界艺盈园、泉州环翠园、北京朝阳区大观堂盆景园、上海海湾国家森林公园盆景园、温江邑园盆景园等。实地参观一个当地的盆景园，现场分析盆景园的选择、功能、规划分区及布展形式特点，结合资料查阅，对比分析南北方盆景园的差异，学会盆景园布展的布展方法。

(一)盆景园的分类

1. 按形式规模分类

盆景园按形式规模分类，可分为独立的盆景园、园中园、盆景博物馆。大部分私家盆景园为独立的盆景园，著名的园中园有上海植物园盆景园、北京植物园盆景园，盆景博物馆有上海海派盆景博物馆。

2. 按归属权分类

盆景园按归属权分类，可分为私有盆景园和国有盆景园。目前私家盆景园在我国占比较大，国有盆景园多以公园或者公园内园中园的形式出现。

3. 按流派分类

盆景园按盆景流派分类，可分为岭南派、苏派、川派、徽派、海派、扬派、通派等。例如，上海植物园盆景园以海派盆景为主；中国最大的苏派盆景园——苏州万景山庄以苏派盆景为主等。近年来随着盆景艺术的多样发展，也开始出现了很多新型派别。

4. 按时效类型分类

盆景园按时效类型分类，可分为永久性盆景园、临时性盆景园。临时性盆景园一般建立在临时性的展会，如盆景花卉展、园林博览会等，展会结束之后这类临时性盆景园也将会拆除。

5. 按植物种类分类

盆景园按植物种类分类，可分为黄杨类、松柏类、榆树类、梅花类等盆景园。

(二)盆景园的功能

1. 科普与科研

盆景园的科学普及功能是通过游人在观赏盆景园的过程中得到丰富的盆景知识，包括盆景的种类、流派、用材、发展史、盆景创(制)作技艺以及鉴赏知识等。

目前越来越多高校的园林、园艺专业开设有关盆景的课程，如“盆景学”等，在教学中为了使理论与实践相结合，盆景园也成为实践教学中非常重要的教学参观实习场地，能让学生更直观地理解与学习盆景园的特征、盆景制作及养护等实践性较强的内容。

部分盆景园还是当地盆景协会活动以及科研的场所，如北京地坛集芳囿盆景园就是北京盆景协会的活动科研基地；上海植物园内的盆景园中设有研究室、海派盆景博物馆，研究中国盆景，成为研究中国盆景的基地。

2. 生产和销基地

有些盆景园偏重于盆景的生产与销售，或生产与展销结合游赏，如在生产出大量盆景产品的同时进行展出销售的扬州红园盆景场。

3. 休憩游览

盆景的主要功能之一就是供人观赏，体会植物之美。因此大部分盆景园都有休憩游览功能，游人可在盆景园中休憩、游览，丰富精神文化生活。

4. 收藏价值

盆景由于其年代、造型、意境等往往蕴涵极大的收藏价值。盆景的收藏范围非常广，一般分为4种：①收藏盆景园创(制)作的盆景作品、参加国内外重大展览获奖的盆景作品；②收藏本地区古老的盆景作品；③收藏国内各风格流派的盆景作品，甚至国外的盆景

作品；④收藏有关盆景的资料、古盆、几架等。

(三)盆景园规划设计

盆景园的总体规划可以从规划原则、园址的选择与规模、出入口规划、分区规划与序列设计、建筑与小品规划、种植设计6个方面进行考虑。

1. 规划原则

(1)根据不同的地域和文化背景，因地制宜制定不同的规划思路：盆景艺术源于中国，到唐宋时期已成为一门相对独立的艺术门类，发展至今呈现出多样化。我国地域辽阔，各地的自然状况与文化差异导致盆景艺术风格多样化，不同的地域拥有不同的盆景艺术特色，因此，在建设盆景园时要因地制宜，充分考虑当地地域与文化背景，使多样的文化元素与当地的人文风情相结合，展现出盆景园的独特风采。

(2)根据盆景园主要功能的不同，制订有主有次的规划方案：盆景园有科普、科研、游览、生产等功能，在盆景园规划设计时要首先确定盆景园的主要功能，做到有主有次。如在以科研为主的盆景园设计中应当融入更多科研设计元素，如设立知识博物馆、盆景科研室、盆景图书资料阅读室等；如在以游览为主的盆景园设计则更应该注重考虑游览路线的组织、景观空间布局、景观节点布置、盆景展区的布置游客休息设施等因素；如在以生产展销为主的盆景园则应侧重处理生产、展销与游览的关系。

(3)整体性原则：盆景作为一种特殊的艺术表现形式，在园林造景中展现一种整体美，讲求变化与统一的高度结合，达到不同盆景之间、盆景与配石之间、盆景与周围环境之间、盆景与周围植物配置之间，在颜色、形状、构图、寓意等各方面的和谐。如在盆景园设计中，在风格形式上需要关注盆景园内盆景、建筑、道路、园林小品、文化等所有元素是否和谐统一；在空间划分上，需注意整个园林空间形态与细部空间划分是否符合整体性原则等。

(4)绿色生态原则：在城市生态建设的大背景下，盆景园的建设尤其是园中园的建设也需要体现绿色生态原则。遵循生态为本，保护优先的原则，使盆景园的自然效应、社会效应以及经济效应协调发展。充分利用场地，体现空间的丰富性，顺应自然，尽量减少人工痕迹，最大限度尊重物种的多样性，尽量保留基址原有树木，多采用乡土树种，避免对基址内的原有生态造成破坏。

2. 园址的选择与规模

就盆景园的园址选择而言，主要可以从以下5个方面进行考虑。

(1)纳入城市绿地规划范畴：在城市绿地系统规划中，要注意考虑绿地性质。注意当地地域文化特色，考虑盆景园文化与风格的融合，选择适当位置建设盆景园。

(2)打造精品盆景园：目前国内精品盆景园的数量相对较少，如何传承和发扬中国传统盆景艺术是目前盆景发展的一个重要课题。而打造一个文化底蕴浓厚的传统精品盆景园，其本质是需要一个生态环境良好的盆景展示场所，并与品质优良的盆景、专业性的养护相结合。

(3)园中建园：可以考虑在已建成的公园内，利用其现有的景观与基础设施条件，适当开辟出一定规模的盆景展示区域。园中建园可以丰富现有景观的观赏性，锦上添花。

(4)能够满足各种盆景所需要的生态条件：一般盆景园内盆景植物品种众多，为了节省养护成本，尽量要与城市中心保持合适的距离，选择能够满足各种盆景所需要的生态环境的园址。但同时还要考虑盆景园的游览性特征，一定要注意游人的可达性，因此，盆景园的选址也不能过于远离城市。

(5)完善的基础设施：为了更好地服务于游客以及盆景园的正常运作，选址也必须考虑有完善的城市公用设施，如供电、上下水道、交通等。

就盆景园的规模而言，需要根据当地区域经济发展状况、城市规模、发展前景以及当地盆景爱好者规模等因素来拟定，我国现有的盆景园面积一般在6hm^{2}以内。

3. 出入口规划

一般来说，盆景园的规模不大，为了保证游览的顺畅性，盆景园的出入口位置要设置得较为明确，数量不宜过多，否则容易造成人流混乱，扰乱盆景展出顺序及盆景园静观细赏环境。

(1)出入口的选择：应与外部道路有较好的联系，方便游人进出。

(2)入口处理：入口设置要引人入胜，切合盆景园主题，丰富地方特色。如上海植物园龙华盆景园、杭州掇景园，都是以简单的椭圆形洞门为出入口，简洁大方，精巧动人；桂林盆景园入口种植了一株200年树龄的紫薇，点明园子的主题，入口处理得既自然又富有特色。

部分有售票需求的盆景园，可以在入口处设置售票处或者管理处。

4. 分区规划与序列设计

(1)分区规划：需对盆景园进行分区规划，形成合理的游赏路线，从而满足盆景的观赏、生产养护、科研交流等功能需求。分区规划主要根据地形、地势、规模以及盆景风格的不同进行划分，一般可按功能划分为：前庭区、展览陈列区、生产科研区、养护区。

①前庭区　可以设置接待室、学术交流室用于接待宾客、学术交流等。同时，还可以展览陈列有关盆景的科普知识，如盆景流派、风格、盆景艺术的历史与发展等。可以结合多种展览形式，如字画、展板以及各种多媒体设置，使游客在入园之前对盆景有一个初步的了解，提高游客的游览兴趣。

②展览陈列区　盆景有丰富多样的艺术风格，因此，可以对多种盆景艺术风格进行分类展览，使游人对盆景的欣赏更具系统性与科学性。

多种分类布置形式：根据造型材料不同，可划分为树木盆景区、山水盆景区、树石盆景区；根据盆景的体量不同，可划分为特大型盆景区、大型盆景区、中型盆景区、小型盆景区以及微型盆景区；根据植物材料不同，可划分为松柏区、杂木区；根据观赏部位不同，可划分为观花区、观果区、观枝区、观根区等。

专类布置形式：根据当地特色的盆景植物种类进行专类布置，突出当地盆景植物材料的文化特点。如映山红盆景区、枸骨盆景区、黄荆盆景区、三春柳盆景区等；根据流派和地方风格布置，体现当地盆景风格文化特色，如苏派区、川派区、岭南派区、海派区、浙派区、徽派区等。

混合布置形式：展区规模小可采用混合布置的方式，在有限的空间展示更多的盆景类别。

③生产科研区　是园内盆景生产、制作、驯化等的专门区域，一般位于园的一隅，设置专用的道路以及出入口，须与其他区域隔开，使游览活动和生产科研工作互不干扰。生产科研区根据需要可再划分为生产场地、资料贮藏室、工作人员办公室等。生产场地又可分为苗圃区、育苗养坯地、制作室、材料库、引种驯化实验室等。

生产科研区局部可以采取开放式经营方式，安排专人指导游人进行制作盆景的实验活动，既可以提高游人的参与性，又可以使游人对盆景制作的有更加深入的了解。

④养护区　盆景的养护管理和盆景价值有着密切的关系，为保证盆景的品质，需对盆景进行精细、科学的养护管理。可以使用现代的科技技术以及设备，如设置智能化温室、灌溉设施以及其他养护设施对盆景进行科学化、精细化管理。

(2)序列设计：盆景园分区序列设计通常可分为 3 个主要阶段，起景(入口)、高潮(展厅)和结尾(出口)。若更为精细的盆景园可设计更为复杂的连续序列，如在空间布局中设置更多细节包括穿插、转折等，形成较复杂的连续序列布局：序景—起景—发展—转折—高潮—转折—收缩—结尾—尾景。

盆景园的空间组织，通过一收一放，再收再放，一静一动，再静再动的连续过程来展示盆景园意境构思艺术，把园景从一个高潮推向另一个高潮，使游人自然而然地进入庭园艺术境界，并且随着庭园意境的韵味上升和变化，产生相互呼应的观赏情感和佳景无尽的艺术感受。

5. 建筑与小品规划

(1)建筑与小品的功能

①分隔景观空间，形成一定的景观序列，引导游人的观赏路线；

②主要服务于盆景展出、销售和管理，以及满足人们休息的需要。

(2)建筑与小品的特点

①建筑体量和比例不宜太大，形体轻巧、空透，便于与地形、植物相结合；

②色彩不宜过于华丽耀眼，应与盆景的色彩相协调，避免产生喧宾夺主之感；

③常见的园林建筑及园林小品有亭、廊、榭、厅景、墙景、门景、门、棚架、博古架、台座、雕塑、地盆。

④中式家具中常见的博古架、茶几、条案等也可以用来放置盆景，增添园区情趣。

6. 种植设计

(1)种植设计原则

①主次分明，盆景园的植物景观主要以具有盆景造型特点的植物为主，其他植物为

辅。其他景观植物应起到衬托盆景、点缀风景的作用，在选择配景植物时忌花大色艳、种类繁多，以免喧宾夺主。

②配景植物应紧扣盆景园主题，并服务于盆景园主题。配景植物的搭配种植应该考虑到植物的品种、形态、季相特征和植物意境等与造型盆景的和谐统一，且须考虑与园内建筑、景观小品、园路铺装、水体等园内各个景观要素的合理搭配，丰富景观效果，形成和谐统一的整体，呼应主题。

③根据不同类型盆景的陈列选择植物种类。如盆景在室外展出时，可种植高大乔木，不仅可以为杜鹃花、山茶等喜半阴的盆景遮阴，同时还能美化环境，为游客提供休息场所。

④遵循绿色生态、可持续发展的原则。在树种的选择上尽量多选择乡土树种，乡土树种更能适应当地的生态环境，既能节约养护成本，又能体现地方特色，形成独特的植物景观。

⑤尽量保留古树、老树以及一些造型奇特的树，既可以体现植物的自然属性美，还可以与盆景所表达的意境相呼应，营造意境更为深远的观赏环境。

⑥植物种植设计在满足美学原则之外，还需符合游人的游憩需要，为游人创造一个舒适的景观环境。

⑦围绕主题，渲染主题。在每个展区附近种植植物，起点景作用。

（四）盆景园实例

1. 上海植物园盆景园

（1）盆景园概况：上海市地处东经120°52′~122°12′，北纬30°40′~31°53′，属亚热带季风性气候。上海植物园位于徐汇区西南部，是一个综合性植物园。上海植物园盆景园始创于1954年，前身为龙华苗圃盆景场，1978年正式建成并对外开放。创立之初就收集并制作了大量盆景，系海派盆景发源地。2017年盆景园再次进行改扩建和景观提升。

改建后盆景园总面积39 435m^2（含外侧道路1049m^2和外围河道面积），其中，绿化面积26 233m^2，建筑面积4132m^2，水体面积2437m^2，道路及铺装面积6633m^2。该园由树木盆景展示区、山石盆景区、海派盆景博物馆以及盆景养护区4个区域组成。馆藏盆景数千盆，盆景树种丰富，达70余种，以五针松、黑松、罗汉松、真柏等松柏类植物为主，是目前国内对公众开放的最大的盆景专类园之一，在世界上享有盛名。殷子敏、胡运骅、胡荣庆、邵海忠和汪彝鼎等多位国家级盆景大师在此创作和工作过。整个盆景园的游园布局、建筑外形、道路铺装、种植植物种类，以及结合园内海派盆景的展示等各个方面，无不体现海派的亮点。

（2）景观分区：盆景园内有竹亭、竹廊、树皮亭、柴门、藤架和青瓦粉墙的展室，由序景、树桩盆景、山石盆景和服务区4个区组成，构成江南庭院式园林（图4-1）。园林景观主要打造的景点有“三馆三园”“三馆”是指盆景博物馆、海派盆景展览馆、盆景艺术交流中心；“三园”是指中心花园（冶趣园）、四季园、龙华园。

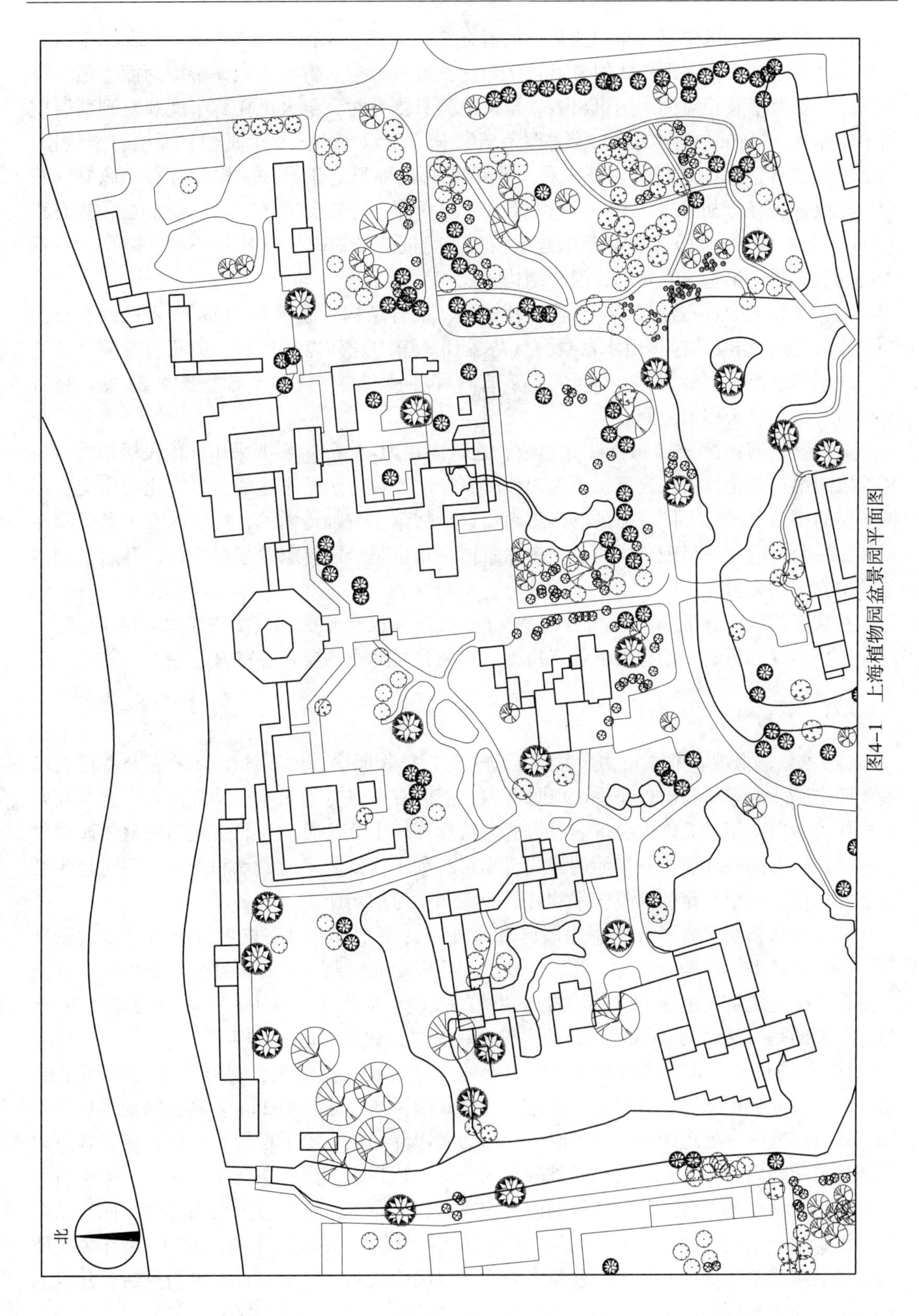

图4-1　上海植物园盆景园平面图

树木盆景展示区中有一条曲曲折折的混合结构游廊，总面积为563m²。游廊将全区分割成多个小院，院中陈列各式树桩盆景千余盆，虬枝横空、古朴入画。游廊两面空敞，下置围栏，各院落有相对的两门可出入。雨天或烈日当空时，游人可在廊中就观赏到两旁院落中的盆景。区内劲松院的松柏类盆景有五针松、罗汉松、黑松、真柏、圆柏、金钱松、矮紫杉等树种，苍松翠柏、古朴素雅。花果院的花果类盆景有梅、榆、紫藤、海棠、石榴、红枫、火棘、胡颓子、蜡梅等树种，繁花硕果。小型、微型盆景展览在一座面积322m²、名叫四景轩的仿明清风格的建筑内，轩为混合结构。1995年将小型、微型盆景移于展览温室内。温室为八角形，混合结构，面积为443m²。

山石盆景区的水石盆景馆，系仿明清建筑，混合结构，面积为449m²。入口处有长达7m的以斧劈石制成的桂林山水盆景，气势雄伟。馆内陈列以斧劈石、英石、石笋、钟乳石、太湖石、浮石、砂积石、海母石、芦管石等各种石料制成的水石盆景共28盆，将各种山川奇景尽收于咫尺之间。

上海盆景博物馆于1996年正式建成，建筑面积为454m²，主要采用江南民居形式，黛瓦粉墙配青松古柏，古朴典雅又不失现代气息，全方位展示了丰富的盆景文化与历史，不同时期的精致盆器、不同流派的制作材料、盆景文献、大师传承等，将国内五大盆景流派发展脉络及特色一一呈现。同时，上海盆景博物馆也是全国首家盆景博物馆，开启了国内盆景博物馆的先河。

盆景养护区内有近2000盆盆景，平时不对外开放。养护区分为露地和温室两部分，温室供小盆景和不耐寒的种类，如三角梅、榕树盆景冬季需要在温室内过冬。

2. 北京植物园盆景园

(1)盆景园概况：北京植物园盆景园位于北京植物园内，面积约1.7hm²，是我国大型盆景园之一。北京植物园位于香山风景区内，园内有众多名胜景点，如卧佛寺、曹雪芹曾经居住过的白正旗村及烽火台等名胜古迹，自然环境十分优美，为北京植物园盆景园提供了一个良好的园外环境。盆景园的建成，不仅有利于盆景艺术的继承和发展，同时也为社会各界提供了一个高雅的盆景艺术欣赏、交流和学习的场所。

北京市植物园盆景园分为室内展区和室外展区两个部分。室内展区分为北方盆景展厅、精品盆景展厅、综合展厅、流派展厅，主要展示北京及全国各地部分优秀作品。室外展区由4个庭院景区组成，以展示露地栽植的大型桩景为主，其中百年以上的盆景70余株，最大的是一株名为《风霜劲旅》的古桩——杏桩，树龄已逾1300年。

(2)总图设计：北京植物园盆景园主要入口设置在人流量大、地形平缓的中轴路上。由于盆景园地势低于路面，因此选择道路与盆景园主体之间距离25m左右，从而形成盆景园的入口门庭区。处理园内外高差时，在作为园边界的挡土墙上设置石栏杆，使游客可以在园外俯瞰园内，也使得园内和园外融合为一体，达到园内园外空间相互渗透、吸引游客的效果。在展厅的布置上，从基址的西南向东北斜向布置，全园分为两个部分，同时结合花架游廊围合空间、庭院。北部大约0.7hm²的空间作为主庭院，东南侧的“L”型作为主要的室外展示。基于场地和功能，建筑布局主要以院落式布局，但布置得更为灵活，建筑为外向的，建筑与周围的环境融为一体，相互渗透。

(3)建筑设计：园中建筑主要为盆景的展厅，按照主要人流、园路及空间序列布置，使人们在游赏的过程中达到步移景异的效果，设计路线为：序馆—综合展厅—普通桩景展厅—水石盆景。为了满足建筑室内采光，利用布置天窗，改善室内的光线的方式进行，如在合适的位置开设天窗，建筑内局部光线加强，使得空间中的局部更加突出重点。建筑多，建筑立面的墙也多，为了避免造成室内外的分割感，将面向园林或者庭院的建筑墙面集中开窗或门，减少实墙的分隔感，变实隔为虚隔，将建筑外园林景色引入建筑中来，室内与室外空间由此连接起来。

对于建筑的实墙，采用不同颜色的面砖，女儿墙用琉璃进行压顶，各种花式及窗洞相组合，构成框架作为摆放盆景的背景墙面，此做法使得建筑实墙更加丰富化。园中建筑并没有可以沿用传统建筑的形式，但是在局部借鉴了传统建筑形式的做法，如屋檐、女儿墙、山墙等部位，借鉴了坡屋面、垂花门和封火墙的做法，也同时借鉴新古典建筑的手法、做法等。使得建筑看起来既继承了传统建筑的元素，又有所创新，独具风格。建筑颜色上采用以雪青色为主，搭配绿色、红色装饰，颜色的选择上有些与众不同。

北京植物园的建筑外形能体现地域文化特色，但在选址上尚有不足，盆景园内建筑选址若能选择透光的建筑形制，保持阳光充足，有利于盆景的栽培养护。

(4)庭园设计：北京植物园盆景园分为室内展区和室外展区两个部分，由于气候原因，主要以室内展示盆景为主，但是盆景园中的室外空间占全园的大部分面积，因此，盆景园的室外空间不仅作为少数盆景的展示场所，同时也是展示园林本身的庭园之美。展示园林本身的部分按照中国的传统园林做法展示自然山水。在接近建筑的水体边界用条石或者仿木，接近水源、花草树木用山石作为边界，局部以树桩、山石交替使用，使之自然衔接过渡。庭园分为 4 个，其中面积最大的庭园采用圆滑的曲线作为基本形，在高出地面 50cm 处设石台，作为展示盆景的平台。其他庭园相对面积较小，主要是利用建筑围合形成的庭园，封闭、围合感强，因此运用折线为主的平面构图模式，并且两个庭园之间用花架将两个空间相互渗透，又相互形成借景，形成半开敞的空间。

(5)种植设计：考虑到北方的冬夏两季很长，有很多不利于盆景露天摆放的因素，如冬季天气寒冷，空气十分干燥，夏季光照强烈等，因此，北京植物园盆景园的盆景展设以室内展示为主，室外展示主要用于装饰或者节日性的暂时陈设。但是在盆景园中有 1.5hm^2 地块属于绿地，因此，园内的主要露天植物以陆地植物为主。室外展览空间作为园内展示的延伸和补充部分，以“地栽桩景”为主要特色，搭配北方常见树种，与建筑相协调，营造出姿态优美、层次分明的自然美景，整体效果上具有四季稳定的景象，并且营造出深远的意境。

在盆景园主入口的广场种植池中种植油松搭配榔榆、柽柳桩景，突出盆景园的主题；在玲珑园中，选用北京几组地栽种类，孤植或者散植成组，利用周围空旷明朗的空间为之营造出深远的意境，并且体现了盆景园的特色之处；位于园中央种植一株古银杏桩，在绿草地的衬托下，显得苍劲有力、充满生机，成为园中的点景树与视线的焦点；庭园中搭配不同树种形成层次感，形成天然的大型露天盆景作品；在盆景园背景的选择上，采用虚隔的手法，用花式的围栏将园外的白皮松疏林、油松以及侧柏等具有北方特点的树种作为盆景园的背景画布，体现了北方的地域特色。

3. 广州流花湖公园西苑盆景园

（1）盆景园概况：广州芳村是广东最早、最著名的岭南盆景之乡。位于广州流花湖畔的西苑建于1964年，占地面积3hm^2，是一个以载重和陈列盆景为主的公园，风景优美，富有诗情画意，是闻名中外的“岭南盆景之家”，也是海内外盆景艺术爱好者和游客向往的景区之一。

西苑建园初由岭南盆景杰出代表孔泰初大师担任盆景技术指导，他悉心在西苑培植佳作，将自己多年的栽培经验和修剪技法传授给后人，在西苑培养了不少盆景大师、技师及盆景艺术家，使岭南盆景艺术发扬光大，影响中外。现在流花西苑仍栽植保养孔泰初先生亲手种植的盆景作品。2010年世界盆景友好联盟在广东省的第一个交流中心正式落户西苑景区。“岭南盆景之家”正式成为世界盆景传播交流和提升盆景艺术的基地。

（2）规划设计：

①园林布局　盆景园采用传统园林布局，层次分明，空间序列富于变化。首先入口采用欲扬先抑的传统造园手法，在内外广场设置仿古假山、石壁等，在园林构景中起到欲露先藏、欲扬先抑的障景作用，游人先经过假山石再入园，豁然开朗，创造一种渐入佳境的情趣。

入口西侧为盆景展区，主要展出岭南各流派树桩盆景、奇花异石。各展馆的布局方式多样，如盆趣馆、品茗轩和墨香斋等展馆通过曲廊相连，配以丰富的植物景观，给游客营造出树影婆娑、曲径通幽之感。北部由西至东分布有浓荫盆景园、茶艺馆、盆景精品园、陶艺馆等，呈狭长状分布于花园大环境中，建筑与植物相互衬托，环境清幽，是观赏盆景、品茗休憩的绝佳去处。

②建筑小品　苑内设有展馆如盆趣馆、品茗轩等，园林建筑小品丰富，有碧波榭、茶艺馆、浓荫盆景廊等。建筑形式丰富，以仿古为主，建筑风格具有浓郁的岭南特色，如多处采用砖刻、木雕和刻画玻璃等传统工艺，特色鲜明。

雅景庭为苑内主景之一，主要展示盆景为主，其中庭院内假山景观为最大特色。假山周围植物配置多种木本花卉，如米子兰、九里香等，水池内种植大片荷花、睡莲。假山顶部有一飞瀑倾泻而下，一座小桥横跨其上，游人可于桥上赏荷观瀑、观石赏景，景色非凡。

苑内新设立了岭南盆景艺术展厅。通过文字、图片、实物等，全面概括介绍了岭南盆景的历史发展、艺术成就和艺术特色，展示了“岭南盆景之家”历次重大活动以及其历史地位和风采。流花西苑也成为受市民欢迎的学习、观赏游览的好去处。

③植物配置　盆景园内主要景观特色为“盆上的盆景，地上的盆景”，即主要的造景植物多选用冠幅较小或造型较为奇特的植物。罗汉松、小叶紫薇、九里香、小叶竹柏、山茶、玉堂春等观花、观形的植物等巧妙搭配，包括混植、群植、孤植以及三角植等多种种植方式。

园内设有盆景展区和盆景精品廊，廊内长期展出 100 多盆各种岭南盆景作品，造型奇特、妙趣横生、以小见大，将大自然的风景浓缩在方尺之间。展出的盆景种类有 100 多种，如黑松、罗汉松、榆树、九里香、福建茶等，盆景树龄最老的逾 160 年，具有很高的艺术价值，受到广大盆景爱好者的喜爱。

园内还有一株特别的橡树，是英国女王伊丽莎白二世 1986 年访华期间特地参观盆景园时亲自种下，象征着中英两国的友好情谊。西苑则以国家领导人的名义，赠予女王一盆树龄 60 年的九里香盆景，对中外文化交流起到了独特的作用。

(五) 盆景展览

1. 盆景展览的规划设计

(1) 展览目的与展览主题的确定：不同的盆景展览有不同的目的，如学术研讨与交流、竞赛评比、庆祝庆贺、商业展销等。因此要针对展览的主要目的进行规划设计，例如，学术研讨要突出创意性与学术性；以庆祝庆贺为目的的展览则需要烘托热闹的氛围；参加竞赛评比则需要展出风格多样、精美成熟的盆景作品；商业展销要突出经济性。

(2) 整体形象的设计：展览是一项系统工程，设计师用现代美学观点，通过空间利用、道具配置、陈列衬托等展览艺术手段，把它们进行有机组合，从而树立展览整体形象，实现实物展示和交流学习等功能，让观众沉浸其中，得到精神愉悦和艺术享受，收到展览所预期的效果。

整体形象是由硬件(盆景)和软件(起到辅助衬托宣传作用的，如展览标志、入场券、展台、请柬、说明、背景装饰物、道具等)综合组成。它们都以各自的功能，传递着展览艺术设计的信息，以其清晰美观、协调和谐的完美形象，给人以格调新、档次高，完整有力量的良好印象。

布展时如果缺乏整体观念，各展品和展览艺术元素各自为政，装饰衬托喧宾夺主，这就破坏了展览的完整和风格的统一。运用诗词书法和绘画做盆展装饰衬托时应注意，它们分开来看都可独立存在并具审美价值，而放在一起时尚需彼此融汇、各司其职，明确主从关系，不能越位表现。局部只有寓于整体之中，才能成为有机整体。

(3) 空间分割与利用规划：观众参观展览，其视觉是按一定顺序流动的，如展品陈列间距过小或空间狭窄，都会令人感到疲劳。布展时应疏密相间、合理穿插，留出一定空间距离，营造一个良好的视觉环境与宁静宽松的鉴赏气氛，让观众感到清晰、赏心悦目。对空间划分的同时也是对参观盆景展览路线的确定，展览路线的设置避免路线重复或交叉，以免重复或遗漏参观。常见的集中展现设置方式。

为拓宽展览空间，要做到“无中生有”。如在一个大空间范围内有两个展示单元，那么，可用粉墙或假墙隔断，营造出第二个空间；也可用漏窗或博古架分割，以形成界限分明的独立空间。展场顶棚空间过高与空旷时，会显得展品尺度较小、陈列台较低，导致展品松散而缺乏力度，可利用纺织品、绸缎、丝棉等加以装饰处理，使之呈弧状或波状，起伏悬垂于天花顶棚之下，压缩空间。这样，展场便紧凑集中并有所变化，为盆景展品创造较佳的方位，有合适的高度和视角。

盆景艺术有丰富的思想蕴含，可以充分利用展场空间，通过以假墙、粉墙、漏窗、博古架等表现手段，用国画书法或诗词楹联装饰衬托，会令展场空间充实并增色。既活跃了展场艺术气氛，又能提高观众的欣赏兴趣。

(4)盆景的陈列：盆景展览分为室外展览与室内展览。室外展览尽量选择采光、通风良好、幽静的环境。室内展览可结合各种建筑小品如廊、轩、榭等衬托盆景的氛围。

展品展出一般都配有展台、展板、展布、展签。由于大部分盆景尺度不大，一般不会随意摆放在地面，既不引人注目，又不方便欣赏，因此盆景都通过展台来承载和衬托。展台的材料与造型丰富多样，可以是木制的几架、石台等，大小不一、高低各异。展台的高度主要考虑两个因素：一是观众的视平线；二是盆景的尺寸。摆放时要注意上稀下密、前疏后紧、层次分明、重点突出，让陈列以最佳的高度和最美的形态展现人前。展台的深度需要考虑盆景的枝条伸展所需的空间，一般需要1m左右。

展板和展布的主要目的是衬托盆景，风格尽量素净、淡雅、简洁，切勿色彩艳丽、风格独特，以免造成喧宾夺主之感。展签则用来展示盆景作品的名称以及简介等，帮助游客了解、观赏盆景作品。

(5)盆景规格：根据“中国盆景评比展览”评比委员会研究决定，中国盆景分为特大、大、中、小、微型五种规格。

①特大型　超过150cm。

②大型　81~150cm。

③中型　41~80cm。

④小型　15~40cm。

⑤微型　15cm以下。

(6)装饰衬托：盆景展品单纯地陈列，难以产生更深层更悠长的欣赏韵味。因此，展品可以适当加以装饰衬托，营造艺术氛围，促进盆景审美价值的提升。但要注意，衬托装饰只是展览的配角，不能干扰主体、冲淡内容。

装饰应与展览内容吻合，以观众喜闻乐见的、具有民族传统特色的诗词书画、楹联匾额等为好。盆景形式优美，但给人视觉上的享受是有限的，而发掘出其深层的文化蕴含，才是艺术的最高享受。恰如其分的背景装饰衬托能促进观众对展品艺术内涵的挖掘，能激发起观众审美想象，产生情感共鸣，共同参与盆展作品的艺术再创造。

此外，为营造展会欢快轻松环境和闲适气氛，盆展还可播放一些民族传统乐曲，如《春江花月夜》《雨打芭蕉》《二泉映月》等。通过悠扬悦耳的音乐，调节观众情绪，减少视觉疲劳，强化展示效果。

展品说明牌的宣传装饰功能也可以扩大，把每一不同品种的盆景展品，配以诗词，更有画龙点睛之功、锦上添花之效。每一重点盆景，也可作200~300字的赏析品评文章，进行导引、推介，使观众对之有更多了解，激发更大的欣赏兴趣。

2. 组织盆景展览的流程

组织盆景展览一般分为4个阶段：①组织动员阶段；②展前筹备阶段；③展出阶段；

④收尾阶段。

(1)组织动员阶段：

①组织动员　最好借助一个国家级或地方性的盆景专业组织来组织盆景展览，这样可以提高盆景展览的质量和组织效率。由组织单位向参展单位发出通知，写明展览会的名称、目的、意义、参展时间、地点、规模、参展单位、各单位参展任务(数量)，明确展览会指挥部成员及其分工，同时也要明确各参展单位的负责人以及展出主要事项和具体要求等。

②场地规划与财务预算　展览会指挥部要在掌握参展单位、数量的基础上，结合展出场地具体情况及时制订展览布置规划，并画好图纸。图纸上注明展出总面积，各单位展出位置及面积、展架分配等。大会指挥部要做好财务支出预算并请求上级审批拨款或联系赞助。

③展品筛选与收集　为展出真正代表当地(参展单位)水平的盆景，各单位必须组织当地盆景界有鉴赏力的专家进行筛选把关，严格控制数量和质量，要绝对按照大会指挥部下达的任务指标选送。如有变动应及时向指挥部汇报。

④盆景展品的登记　展品登记需与参展方确认展品的数量以及所需展线的长度。登记的内容包括编号、地区、作者姓名、景名、类型(山石盆景、树木盆景等)、展品规模(大型、中型、小型)、尺寸(长、宽、高)、树种等。

(2)展前筹备阶段：

①包装运输　目前国内规模较大的展览，运输工具有汽车、轮船、飞机等。由于汽车运输机动灵活但易颠簸，因此汽车运输的关键在于固定盆景。汽车装运固定方法有埋沙固定法、木箱固定法、“井”字形固定法、竹竿固定法。

②陈列布置　盆景展览陈列布置的规划设计可参见前文“盆景展览的规划设计”。

(3)展出阶段：

①养护管理　在盆景展出时期，为了确保给游人呈现最好的观赏效果，应派专人负责盆景的养护管理，包括树木、山石、盆面等都需保证为最佳效果。注意及时对观赏效果不佳的盆景进行养护或替换。

②保卫安全　由于盆景的价值较高，在展出期间要有专人对游客的一些不良行为进行监督阻止，夜间要有专人值班，防止盆景遭到破坏、盗窃等。

③评比　对盆景进行评比，要成立5~7人组成的专家评审委员会，针对不同类型的盆景要分别建立制定评分标准。统计表见表4-1。

表4-1　盆景评分统计表

盆景展品编号	盆景名称	展品类型	得分

盆景评分标准构成如下：

题名：命名贴切，诠释主题，升华意境，格调高尚；一般占10%。

造型：生动、和谐、树势紧凑、结构良好、变化丰富、符合植物生长规律(即表现自然)。植株苍老；气魄浩大；神韵盈溢；一般占40%。

技法：得当，占30%。

特色：别具一格，占20%。

意境：诗情画意，占10%。

树桩盆景的品评标准是“势、老、大、韵”；山水盆景则为“活、清、神、意”等。主要应该评“景”，除了微型盆景外，其他盆景的几架只能作为参考。

(4)收尾阶段：主要任务是对展品进行包装运输后安全运回原送展单位，清理现场，总结工作。

三、作业与要求

参观一个盆景园，写出实习报告。

实习5 盆景苗圃实习

一、目的

播种繁殖技术在园林苗圃学实习实验中已经安排，本教材不做安排。本实验重点让学生练习盆景的嫁接技术、桩景快速成型技术和苗木树干苍老技术。

二、材料与用具

嫁接刀、绑扎带、修枝剪、手锯、钳子、铁丝、伤口愈合剂。

三、内容与方法

(一)盆景嫁接技术实习

1. 芽接

芽接是指以芽为接穗进行的嫁接。

(1)“T”字形芽接：在接穗的枝条上取上端宽 1cm、长 2cm 的盾形芽片，再在砧木嫁接的位置用芽接刀切深达木质部、上边一横长约 1cm 的切口，在上切口中间向下划一刀，长度与盾形芽片等长，将芽片轻轻插入砧木切口内，芽片上端与砧木的切口对齐，然后绑扎(图 5-1、图 5-2)。

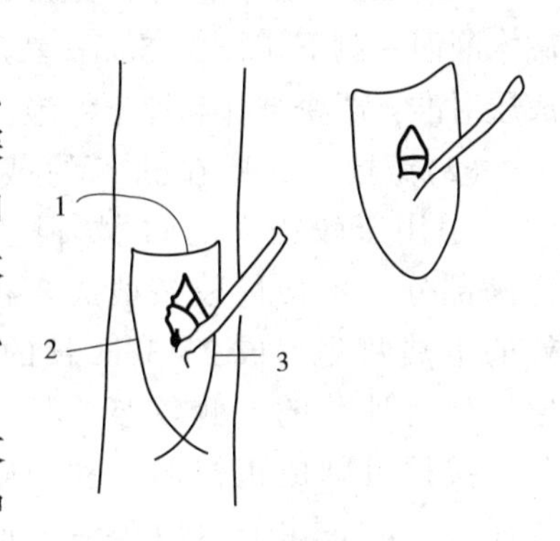

图 5-1 “T”字形芽接之三刀法取芽示意图

(2)方块形芽接：当砧木与接穗的皮层厚度差异较大时，采用此法。芽片形状为 1～1.5cm，使芽位于芽片中部，在砧木上取下形状大小与芽一致的一块树皮，放入芽片，绑扎(图 5-3)。

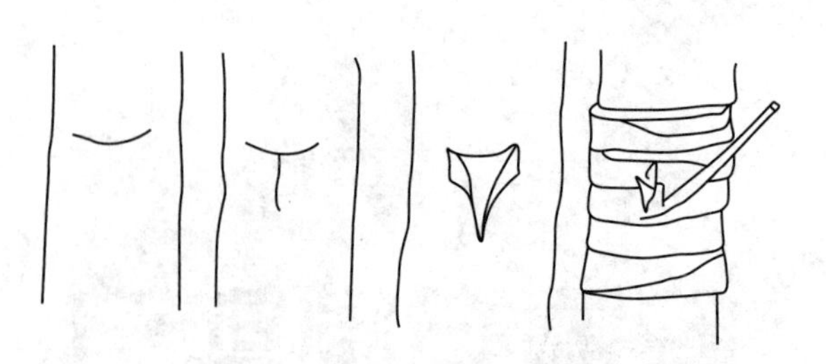

图 5-2 “T”字形芽接示意图

(3)嵌芽接(带木质部芽接)：当芽不离皮时或春季芽接采用此法。在接穗上由芽的上方 1cm 处向枝条内斜下方切入，切口长 2cm，切口下端可深入枝条直径 1/4，再由芽下 0.5cm 处向枝内斜切至下切口，然后取下芽片；在砧木上切取与芽片大小形状相当的切口，将芽片嵌入其中绑扎(图 5-4)。

图 5-3 方块形芽接示意图　　图 5-4 嵌芽接接穗(芽片)、砧木及结合状示意图

2. 枝接

(1)切接：砧木选用 1~2cm 的 1~2 年生苗，先将砧木与近地面树皮平滑处剪断，在砧木断面一侧下切长 3~5cm，然后将削成的保留 1~2 个饱满芽的接穗插入砧木，双方形成层对准，严密绑扎和埋土保湿，接穗外露 1~2 芽(图 5-5)。

(2)劈接：是指在砧木的截断面中央，垂直劈开接口，进行嫁接的方法(图 5-6)。适用于较粗大的砧木(根径 2~3cm)嫁接。将采集的接穗去掉梢头和基部芽不饱满部分，把接穗枝条截成 8~10cm 长带有 2~3 个芽的接穗。然后在接穗下芽 3cm 处的下端两侧削成 2~3cm 长的楔形斜面。当砧木比接穗粗时，接穗下端削成偏楔形，使有顶芽的一侧较厚，另一侧稍薄，有利于接口密接。砧木与接穗粗细一致时，接穗可削成正楔形，利于砧木含夹和愈合。接穗面要平整光滑，接穗削好后注意保湿，防止水分蒸发和沾上泥土。从砧木剪断面中心处垂直劈下，劈口长 3cm 左右。砧木劈开后，用劈接刀轻轻撬开劈口，将削好的接穗迅速插入，使接穗与砧木两者形成层对准。如接穗较砧木细，可把接穗紧靠一边，保证接穗和砧木有一面形

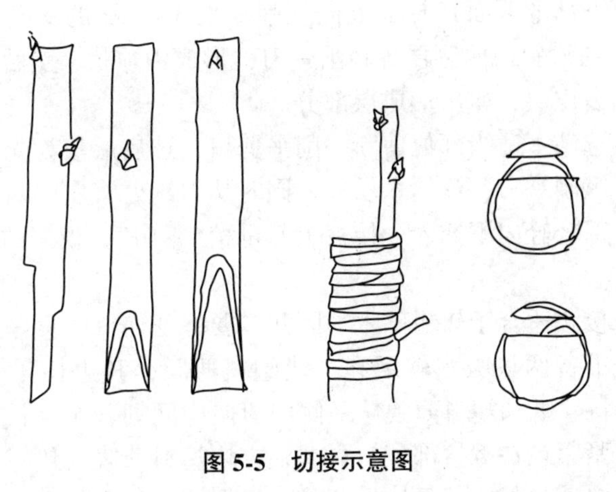

图 5-5 切接示意图

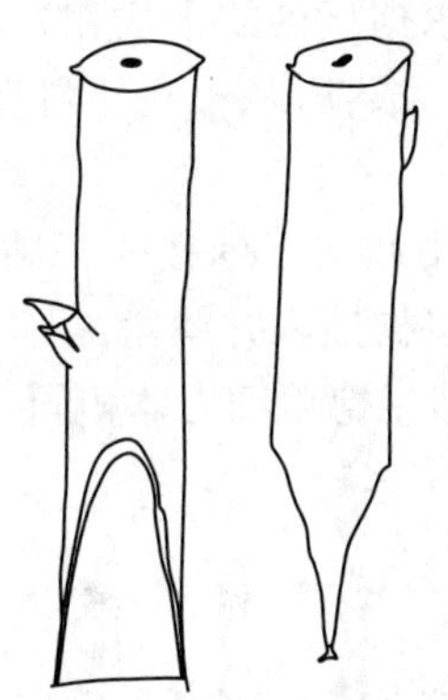

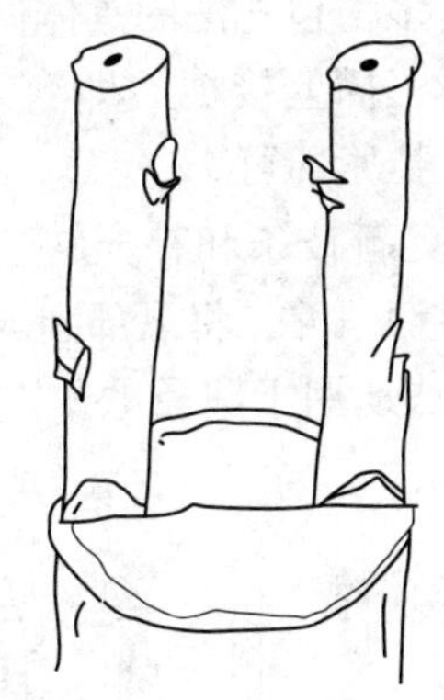

图 5-6 劈接示意图

成层对准。粗的砧木还可两边各插一个接穗，出芽后保留一个健壮的插接穗时，不把削面全部插进去，要外露 0.1～0.2cm，而后立即用塑料薄膜带绑缚紧，以免接穗和砧木形成层错开。

(3)插皮接：此法可用于大小砧木，不限粗度。但一般砧木粗度在 2cm 以上者均可采用插皮接(图 5-7)。应用时间可自春季树液流动至砧木萌芽后 1 周之内。

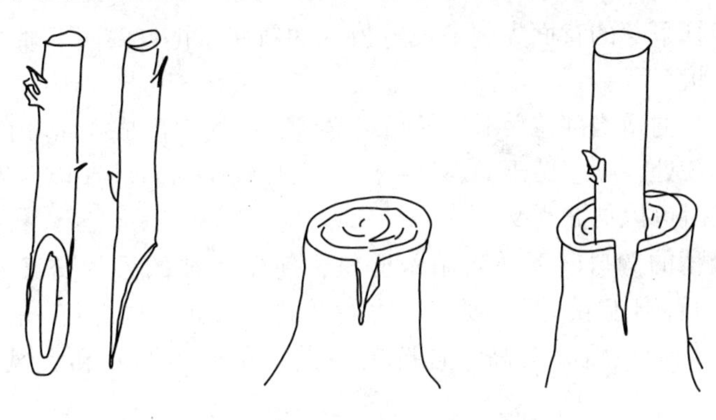

图 5-7 插皮接示意图

削接穗：在底芽下部的背面0.5cm处向下削一长3~4cm的斜面，在另一面下端削一个长0.5cm的斜面，在短斜面两侧再各轻削一刀，形成尖顶状，然后在长斜面两侧也各轻轻削上一刀，但仅削去皮层，露出形成层部分。

削砧木和嫁接：选砧木适当部位剪断，削平剪口，选皮层较为光滑的一面，在剪口处轻轻横削一刀，随之纵割一刀，深达木质部。同时从刀缝处将皮向两侧挑开，把接穗的长削面对向砧木的木质部轻轻向下插入，接穗上部可稍“露白”。根据砧木粗细，可嫁接1~4个接穗。

绑扎：由于此嫁接法适合于较粗砧木，因此，要保证伤口的良好愈合，一个接穗包扎法的具体做法是：先准备两块吸水软纸和一块塑料薄膜，其边长需等于砧木的直径再加10~12cm。包扎时先将软纸和塑料薄膜从一侧用刀向中间划开至全长2/5处，用时先将纸的开口处套向接穗，紧紧包在嫁接部位，再套上方块塑料薄膜，包好后扎紧。为防接穗松动可加绑固定拉线。多穗包扎法的具体做法是：根据接穗的个数和方位，事先将吸水软纸和塑料薄膜用刀划开，插上接穗后即套入、包紧。然后从上至下扎紧。最后绑上固定拉线，将几个接穗相互拉紧即可。

(4)腹接：树冠更新枝条和补充缺枝时常采用此法。嫁接时，砧木的枝干并不切断，而在其上适当部位斜切一刀，将下部削成楔形的接穗插入并缚紧。

(5)舌接：舌接法适用于砧径1cm左右，且砧、穗粗细大体相同的情况(图5-8)。

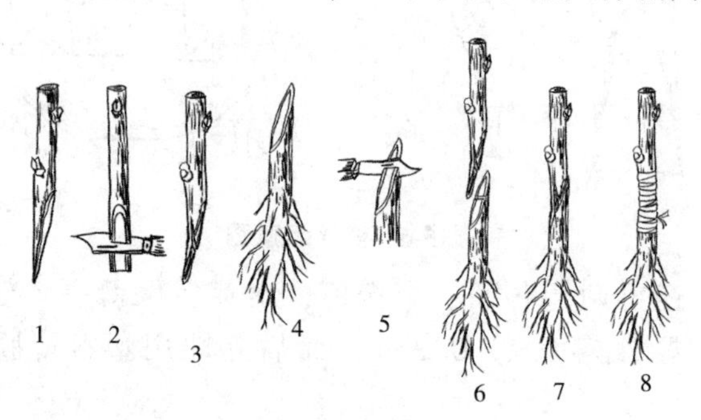

图5-8 舌接示意图

1~3. 接穗的切削 4、5. 砧木的切削 6~8. 插入和绑扎过程

削接穗：在接穗下芽的背面先削一长约3cm的斜面，再自斜面下部1/3处向上劈一切口，长1cm，呈舌状。

削砧木：选砧木的适当部位剪截，然后在光滑的一侧也削成3cm长的斜面，再从斜面顶端由上向下约1/3处，顺着砧干向下劈一切口，长约1cm，呈舌状，砧、穗两个斜面的舌位相互对应，接时可以彼此交叉。

插接穗：将接穗的劈口向下插入砧木劈口，使砧、穗的舌片交叉对接、相互咬紧，对准形成层。如粗度不同时，至少要有一边的形成层对准，再绑扎。由于这一接法的接合部位十分牢固，因而成活率极高，且抗风力强。在高接换头和大风口出嫁接时应用此法。

(6)靠接：嫁接难成活的树种或者需要快速成型的大枝换头采用此法(图5-9)。早春至生长季节的前期，把嫁接的砧木与接穗的母株靠近，选双方粗细相近且平滑的枝干，各

削去枝粗的1/3，削面长3~5cm，将双方切口形成层对齐，用塑料薄膜条扎紧，两者接口愈合成活后，至秋季停止生长后，将接穗由接口下部剪断，砧木由接口上部剪断，即长成一株新的植株。

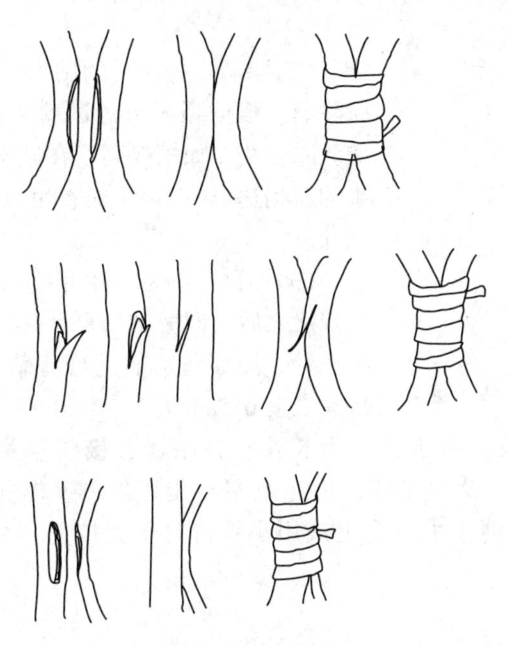

图5-9　靠接示意图

3. 枝接接穗的蜡封技术

(1)蜡封接穗的作用：接穗上封上一层均匀的石蜡，可以减少水分蒸发，延长接穗贮藏时间，减少嫁接后水分散失，提高嫁接成活率。

(2)具体做法：①把采集好的接穗截成10cm的小段，每段的上半部分必须有饱满芽2~4个。②把石蜡放进铁锅或铝锅内，并放进适当的水，水的体积约为石蜡容积的1/3。把锅或铝盆内的石蜡熔化，当石蜡与水的混合液蒸腾开锅时，此时温度为100℃，即可使用。蘸蜡时先拿住剪好的接穗的一头，蘸蜡后立即取出，再换另一头蘸蜡，使整个接穗均匀地包上一层石蜡层。整个过程速度要快。

接穗蜡封后，将每100根装进打眼的保鲜袋内，放在冷凉的室内贮藏，温度控制在2~4℃。但湿度不宜过大，以备嫁接使用。由于芽萌发力强，薄层石蜡不会影响芽的萌发，也不会影响其正常的生命活动。在多风地区，枝接宜采用舌接。

4. 嫁接后的管理

应重视嫁接后的管理。嫁接10~15d后要及时检查是否成活，叶柄一触即掉意味着已经成活(图5-10)。不成活的可及时补接，成活的早春剪砧木，及时松绑。

(1)松绑：银杏等嫁接后愈合时间较长的树种是需要注意的一个问题。一项试验证明，劈接的愈伤组织先从髓部开始，然后才是形成层。另一项试验证明，劈接后的接芽已抽生出20cm长的枝条，如解除绑扎，接口处仍可出现开裂现象。因此，松绑时间应掌握宁晚

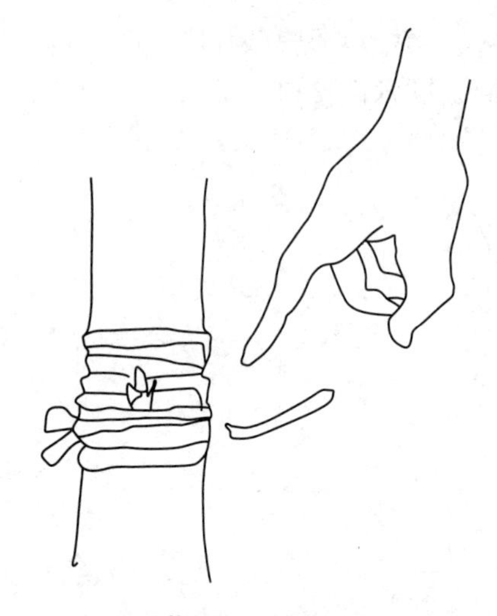
图 5-10　芽接及时检查成活示意图

勿早的原则。只要不出现“蜂腰”现象，尽量拖后。一般应在嫁接 3~4 个月后方可考虑松绑。但绿枝嫁接则应在翌春发芽前松绑，否则容易引起抽生枝条的角度增大。

(2)除萌：嫁接后的砧木容易发生大量萌蘖，要及时除萌。根据邳州市的试验，应视不同情况采取不同的疏除方法。如嫁接高度在砧干的 1m 以下，当接芽抽生的新梢达 10cm 以上时，可以疏除砧木上萌发的全部枝叶。

(3)剪砧：春季采用腹接和芽接法嫁接的，就需要在嫁接之后立即剪砧。夏秋采用腹接和芽接法嫁接的，可于翌春接芽萌动前进行剪砧。剪砧的部位应选择在接芽之上 0. 5cm 处。

(4)缚梢：高接换头，由于新梢生长快、枝条嫩，极易被风折断。因此，在新梢长达 10cm 左右时，应当设立支柱，用绳或塑料带以“8”字形扣缚新梢。为使支柱牢固，支柱也应牢固地绑缚于大枝之上或用小铁钉钉于大枝上，待新枝坚实后再将支柱除去。

(二)桩景快速成型技术

1. 果园或苗圃选桩法

某些需要更新改造的果园与传统苗圃常有一些树干弯曲的大树桩，很适合做盆景，从这些地方选取合适的树桩做盆景是快速培育盆景的途径。采用 2~5 年生树苗截干的方法同样可以达到快速成型的目的，更利于产业化生产。

2. 采用育苗新技术

养胚过程中可以引进一些现代育苗新技术，如全光喷雾扦插法、大棚育苗法、压条法、分株法、高空压条、生长素、生根粉的应用以及无土栽培法等对促进树胚生根和养冠很有效。

3. 成型枝扦插

选取成年树上姿态优美、造型完好的多年生枝，在树干上预截的部位进行刻伤，诱导生根，然后再将其剪下来进行扦插，结合全光喷雾技术促进生根成活，快速形成盆景。黄杨、柽柳、真柏及一些果树皆可采用此法，但对于一些生根困难的树种则不适用。

4. 成型枝嫁接

采用有一定造型的枝条嫁接在人工苗根或老桩上，成型较快。

5. 孕花枝组嫁接

利用生长阶段不可逆转的原理，选取孕花枝组嫁接，可使观花观果的盆景提早开花结果。

6. 多头高接

树桩有形而品种不佳时可采用多头高接，将桩之形美与穗之姿态美结合起来，如黑松高接大阪松、野蔷薇高接月季、枸橘高接各种柑橘等，与小苗嫁接相比，该法可以更快进行树干造型。

7. 根接

对于根部不宜提根的桩头或苗木采用根接法使其提根，将其修整成盘根错节的老态桩头。

8. 摘心短截结合拉枝养冠

对于枝叶扶疏的老桩头，在养坯过程中采取摘心或短截措施能促生分枝，有利于早日形成丰满的树冠。

9. 刻伤诱枝补缺

在休眠季节，在缺少枝条的枝、干一侧选取适当位置的芽眼，在其上方用刀横刻能诱发芽的萌动，长出枝条补缺。

(三)苗木树干苍老技术

通过人工措施使树干造成老态，如雕凿树干、锤击树干、撬树皮、撕树皮、用饴糖引诱白蚁蚀干、劈干、借假伪装等都是有效的。

(1)雕干：为使树干具苍老特征，可在其主要观赏面上用刀凿挖树洞或用木钻打些小孔，挖洞后再往里面填满潮湿的泥土，小洞渐渐烂成较大的、自然古朴的洞穴。也可以在白蚁活动期在挖好的洞穴内灌以糖液，经蚁蛀食造成千疮百孔的自然奇观，但要防止白蚁在盆内或洞穴内做穴，一旦发现立即用药物驱除或杀灭；对已造成洞穴的需涂桐油防腐。

(2)锤击树干：用锤子在树干观赏面上猛击干皮几下，翌年便出现留疤老态景观。

(3)撬树皮：在树桩或苗木生长旺盛季，在树干的一定部位用尖刀插进树干树皮，顺着韧皮部轻轻撬动，使树皮与木质部慢慢分离，注意用力不可过猛，撬皮面积也不要过大。这样经过一个生长季的愈合生长，树干便长出高低不平的瘤疤。

(4)劈干：劈干能使树干具历经沧桑之状，达到促古催老之效果。用斧子或木工凿将干一劈为二，树桩也一分为二，分栽两盆；对创伤干面可用少许盐酸涂抹或刀刮，使其自然，天长日久便形成两盆劈干式。

(5)撕树皮：不用枝剪剪除树干上需要疏剪的主枝，而用手强行将枝劈裂带树皮撕下或顺树皮走向往下用刀刮，从而使树干形成舍利干，富有雷击火烧之趣。去掉树皮的部位应涂以石硫合剂。

(6)借假伪装：利用姿态优美的枯死老树桩，配以同种活植株，使之融为一体。其制作方法是：在枯死的老树桩上于不易看到的合适部位用利刀纵开一道槽沟，再将预先栽植的幼苗茎干沿槽沟嵌入，经数年生长，植株与伪装假干越长越紧，成为真假难辨的古老桩景。

四、作业与要求

归纳嫁接方法、无土栽培技术，写出整形修剪技术报告。

实验6 桩景基本功训练

一、目的

掌握不同流派身法、技法的要点。

二、材料与工具

(一) 盆景植物材料

迎春、榆树、常春藤等树木的枝条长度至少需要 90cm，每人 1 个；黄杨 1 株。

(二) 蟠扎材料

1. 金属丝

金属丝是指铁丝、铜丝或铝丝。铁丝要备有 8#-18# 的各种粗细不同的规格，分别用于缠绕不同粗细的枝条，铁丝最好用火烧过后经自然冷却，用起来软硬适度且不伤树皮。铜丝、铝丝比较好用，但价格较高且难得到，故大多选用铁丝。

2. 棕丝、棕绳

备有粗细不同的棕丝、棕绳，用于枝条蟠扎。

3. 蟠扎衬垫物

麻皮、桑皮、牛皮纸、尼龙捆带皆可，蟠扎前缠于枝干，保护树皮。

(三) 桩景工具

1. 剪刀

剪刀包括修枝剪、长柄剪和小剪刀。修枝剪用于枝条和根部修剪，长柄剪用于修剪细小枝叶，也可用普通剪刀代替。小剪刀用于剪断棕皮、桑皮或尼龙捆带。

2. 钳子

钳子包括钢丝钳、尖嘴钳和鲤鱼钳，用于金属丝截断或缠绕。

3. 刀

刀包括嫁接刀和各种雕刻刀以及各种型号的凿子。嫁接刀用于嫁接，凿子和雕刻刀用于树干雕凿以及软石雕刻。也可用电动雕刻工具和电动打磨工具。

4. 手锯

园艺用手锯，用于截断粗大枝干、树根。

5. 锤子

锤子用于敲击树干，使之老化。

三、内容与方法

进行几个主要盆景流派的技法训练(各流派技法详见实验1)。

(一)修剪方法

(1)截：对1年生枝条剪去一部分称为短截。为促进生长量，加快母枝生长，可进行短截；为使成枝力高，促进枝条生长，形成较多中长枝，可进行中短截；为在剪口下抽生1~2个旺枝，促发强枝，可进行重短截。

(2)疏：是将1年生或多年生枝条从基部剪去。对整棵树桩起消弱的作用，减少树体总生长量。对于一些老弱的树桩，疏去过密的枝条，有利于改善通风透光条件，使留下的枝条得到充分的养分和水分，保持欣欣向荣的景象。

(3)放：不剪枝条为甩放，有利于缓和枝势。

(4)伤：对树干或枝条用各种方法破伤其韧皮部或木质部。如为了形成舍利干或枯梢式，可采用撕树皮或刮树皮的手法。另外，锤击树干、刻伤、环剥、拧枝、扭梢、拿枝等也属于“伤”的范畴。

(5)变：改变枝条的方向。

(6)抹芽：针对萌芽力强的树种，可以抹去新萌发的不需要的嫩芽，使桩景健康生长。

(7)摘心：在生长期将新梢顶芽去掉称为摘心，可以促进腋芽萌动多发分枝，达到扩大树冠的目的，使其早日成型。

(8)摘叶：可使枝叶疏朗，提高观赏效果。

(二)造型基本功训练

(1)金属丝缠绕造型：挑选与枝条粗度适宜，长度为枝条1.5倍长的金属丝，将金属丝固定在迎春枝条基部，呈45°角缠绕，松紧度适宜，保证金属丝与迎春密切接触，然后

利用此枝条进行方拐、掉拐、对拐、滚龙抱柱、游龙、"S"形弯曲、两弯半、疙瘩形、三弯九拐等各流派典型造型训练。

(2)金属丝非缠绕造型：树干较粗，金属丝粗硬，缠绕困难时，采用此法。选枝条长度1.5倍长的塑料绳和与枝条粗度适宜、等长的铁丝，用塑料绳将枝条与铁丝从基部固定在一起，让铁丝与树干平行，塑料绳与铁丝呈45°缠绕，先进行练干、软化枝条，再拿弯进行各流派典型造型训练。

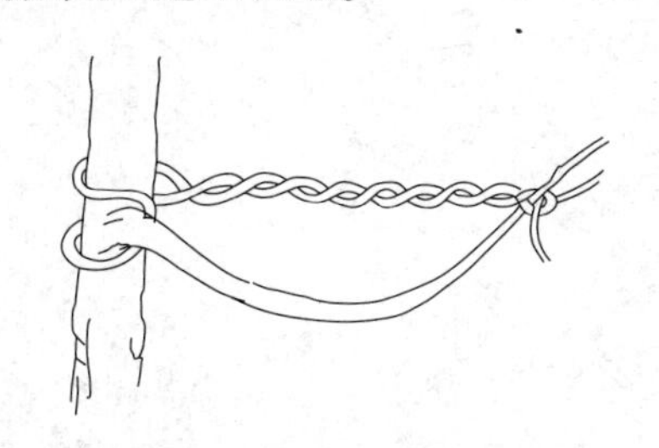

图6-1　挥棕的平棕示意图

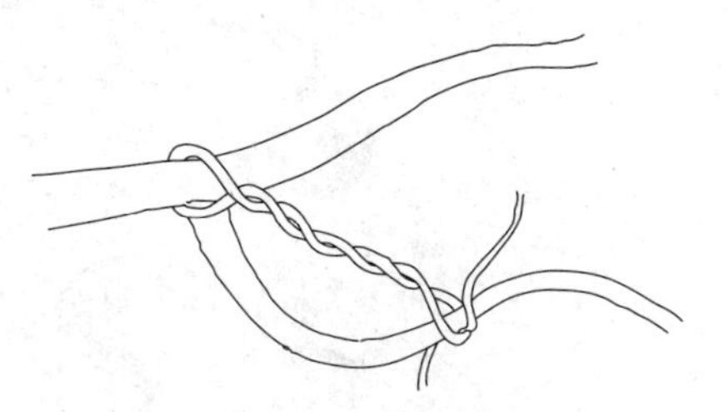

图6-2　挥棕的扬棕示意图

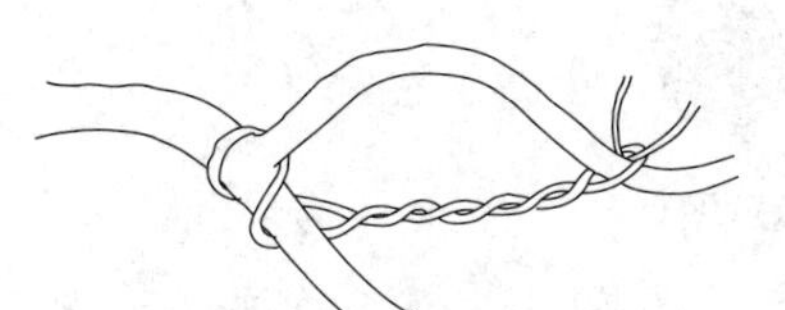

图6-3　挥棕的底棕

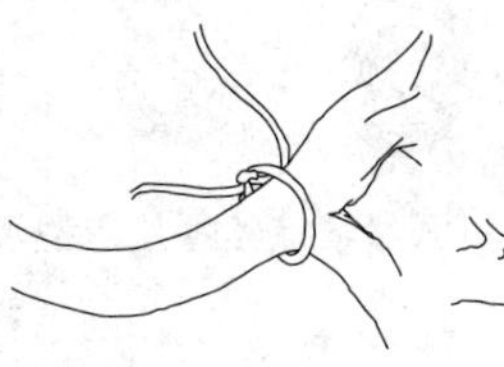

图6-4　系　棕

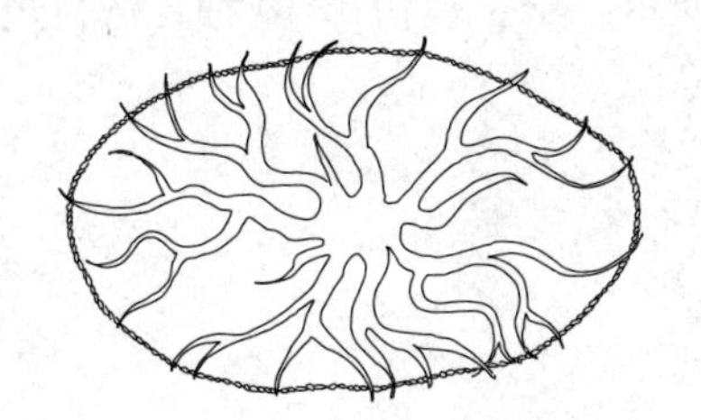

图6-5　缝　棕

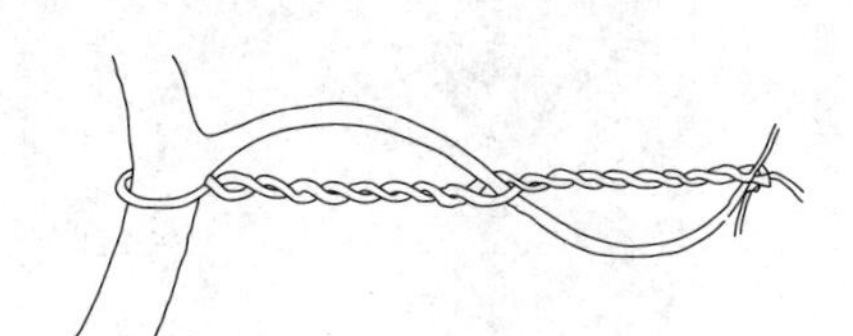

图6-6　套　棕

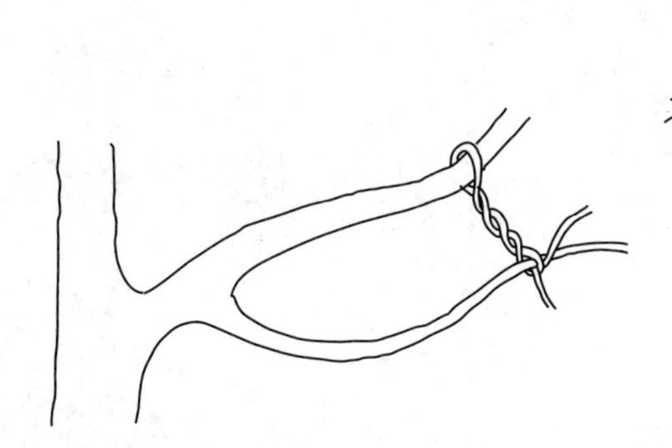

图6-7　拌　棕

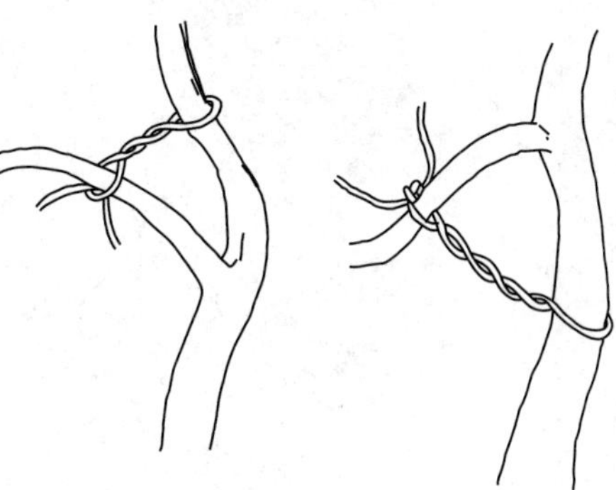

图6-8　吊棕：上吊(左)与下吊(右)

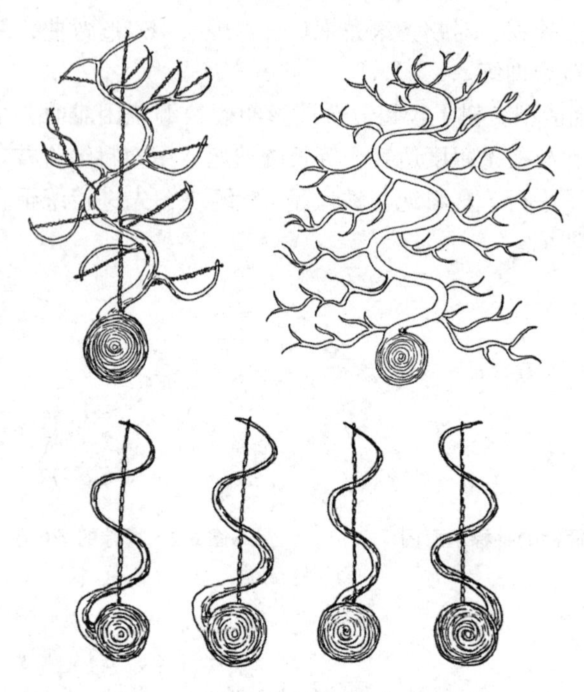

图 6-9　川派盆景棕丝蟠扎造型示意图

四、实验要求

结合图示或 DVD 演示，以及教师现场示范演示，学生模仿出 10 种身法，边练习边检查效果，现场给出实验成绩。

实习7 树桩盆景创作与养护

一、目的

理解树桩盆景的设计构思过程；掌握制作过程中的蟠扎、修剪、雕干、提根、上盆及养护等技术要领。

二、材料与工具

材料：苗高 60~80cm、侧枝不少于 9 个的小叶黄杨或侧柏，桩景的盆器、几架、蟠扎材料(金属丝、尼龙捆带)、栽培基质。

工具：枝剪、钳子、刀、锤子、水壶、水桶。

三、内容与方法

(一)树桩盆景的设计过程

桩景设计主要是树木造型的设计。它是一个形象思维过程。可分为观察—构思—灵感—绘图 4 个阶段。

1. 观察

首先观察苗木或者树桩材料，熟悉其总体形状、大小、树干偏向、枝条分布等，以获得对植株的初步认识。

2. 构思

随着观察的深入，根据所学习的知识和自身的审美观，构思植株的造型，表现的意境，枝干的处理方式等。

3. 灵感

经过反复观察和构思后，于脑海中大致形成一个理想的盆景艺术造型。

4. 绘图

将脑海中大致的盆景艺术造型，简易地绘制在纸面上，然后按图施工。

(二)树桩盆景的设计内容

设计内容包括总体造型设计、平面设计、枝片布局等。

图 7-1　树干的 5 种基本型

1. 总体造型设计

总体造型取决于树干造型，树干造型一般有 5 种基本形式：曲、直、斜、卧、悬(图 7-1)。造型设计要因树而异、因意而异。常见的盆景基本式见附录 1。

2. 平面设计

平面设计有孤植、双干、三株或丛林等形式，遵循疏密有致的原则配置。孤植时不要种到几何中心上。两株树不宜对称种植，三株树宜为不等边三角形种植，丛林式要有疏有密，疏密有致。

3. 枝片布局

枝片层数以奇数为多，片层之间的布局遵循下疏上密、下宽上窄的规律，枝片方向可以有斜、平、垂等方式。

(三)树桩盆景的制作

以鞠躬式为例，制作一个小叶黄杨或侧柏盆景，盆景制作的基本技法包括扎、剪、雕、提、上盆“五步曲”。

1. 蟠扎

依据材料不同，可分为金属丝蟠扎和棕丝蟠扎。棕丝蟠扎的优点是棕丝与树桩颜色调和，不影响观赏效果，且不易伤树皮，但缺点是学习难度较大，不宜掌握。本实习主要以金属丝蟠扎技法为内容进行。蟠扎的程序是先蟠扎主干，再扎主枝，最后扎顶。

(1)金属丝缠绕造型：金属丝可以采用铁丝、铜丝或铝丝，金属丝型号一般以 8#～14# 为宜。

①退火　铁丝金属光泽太过耀眼，与树桩颜色不协调，使用前，可以先将铁丝放在火上灼烧片刻，取出使其自然冷却或者将其放在草木灰中冷却，金属丝将变得柔软有韧性，并且去掉了金属光泽；铜丝与铁丝相比较为理想，且用过解下后在火上烧一烧还可以继续使用；铝丝比铜丝更软，且不用退火。但因铜丝与铝丝价格较贵，实际操作实习中以铁丝

较为常用。

②蟠扎时间　针叶树蟠扎一般以 9 月到翌年萌芽前为宜；落叶树一般在休眠后或秋季落叶后进行；某些韧性较大的树种(如六月雪)四季均可蟠扎。

③金属丝缠绕要领

第一，主干蟠扎。

金属丝型号：根据树干选用适宜粗度的金属丝，一般情况，金属丝粗度约为所要缠绕树干最粗处的 1/3。若干过粗而金属丝过细时，也可用双股金属丝合并缠绕。

缠麻皮或尼龙捆带：为防止金属丝勒伤树皮，尤其是一些树皮较薄的树种，蟠扎前应先用麻皮或者尼龙绳缠绕树干。

金属丝固定：将适宜长度的金属丝一端插入靠近主干观赏面背面的土壤中，或缠绕在较粗根颈处的树干上(图 7-2)。

缠绕的方向、长度、角度与松紧度：缠绕金属丝顺时针或逆时针方向均可；金属丝长度宜为树干高的 1.5 倍(图 7-3)；使金属丝与树干呈 45°(图 7-4)；缠绕时金属丝贴紧树皮，由粗到细，用力均匀，松紧适宜。

拿弯：金属丝缠绕后开始拿弯，拿弯时双手配合，用食指护住弯曲部位的后部，拇指与食指相互配合慢慢扭动枝条，待枝条松软后开始扭曲，弯曲到一定的弧度不再回弹时为止。若拿弯过程中不慎将枝干折裂，可用绳子进行捆绑，促进伤口愈合。

第二，主枝蟠扎。整形前将过密的枝条进行疏除，蟠扎时应注意金属丝的着力点(图 7-5)，尽可能用一条金属丝做肩挎式缠绕(图 7-6)，将金属丝中段分别缠绕在邻近的两条主枝上，当两条金属丝通过同一条树干时，不能交叉缠绕成 X 形(图 7-7)。

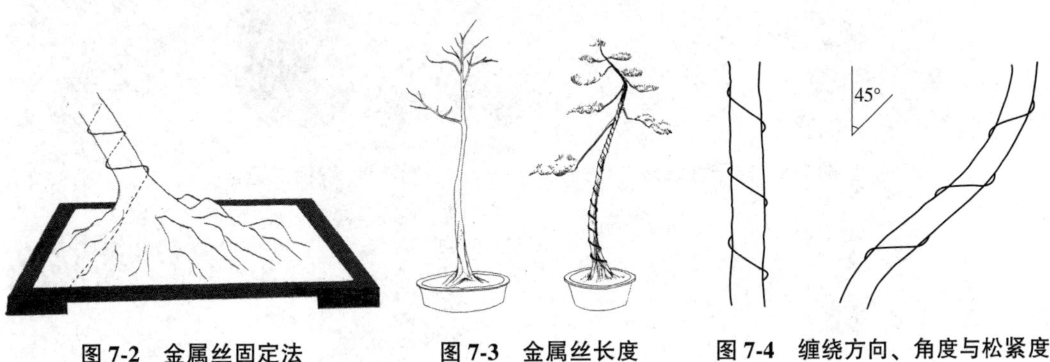

图 7-2　金属丝固定法　　图 7-3　金属丝长度　　图 7-4　缠绕方向、角度与松紧度

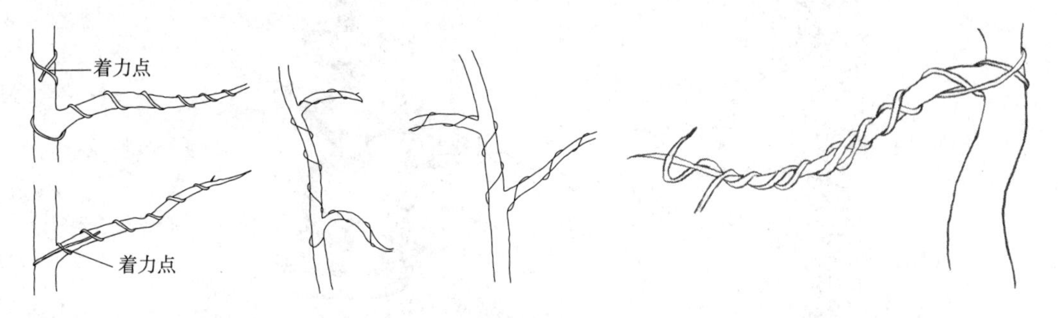

图 7-5　着力点　　图 7-6　肩挎式缠绕　　图 7-7　错误的“X”形缠法

第三，以传统造型鞠躬式、游龙式为例进行拿弯技巧论述。

——鞠躬式：为通派盆景的主要蟠扎技法，又称为两弯半。鞠躬式盆景主干由第一弯、第二弯和第三个半弯组成，树干从基部开始扎第一个弯，弯度稍达并带后仰状；然后扎第二个弯，曲度小些，略微前倾，大体上形成“S”形；最后再扎半个弯做顶，顶部伸出一片，像鞠躬者的头部(图 7-8)。鞠躬式盆景枝片，从主干基部第一个弯中心点处向一侧延伸枝片；第二个弯起点处向另一侧延伸枝片，此枝片比一个枝片要长，最终形成两侧枝片，一长一短、一高一低的形态，犹如伸向背后的两只手臂。枝片均蟠扎成寸结寸弯，呈爪状，使片形饱满(图 7-9)。

——游龙式：为徽派盆景的主要蟠扎技法，又称为“之”字弯(图 7-10)。从主干基部开始蟠扎成“之”字弯，弯曲度自下而上逐渐减小，形状如游龙，上下弯曲处于同一平面上。侧枝左右交错布置，皆位于凸弯处，也做蛇形弯曲，且侧枝弯曲也处于同一平面上(图 7-11)。

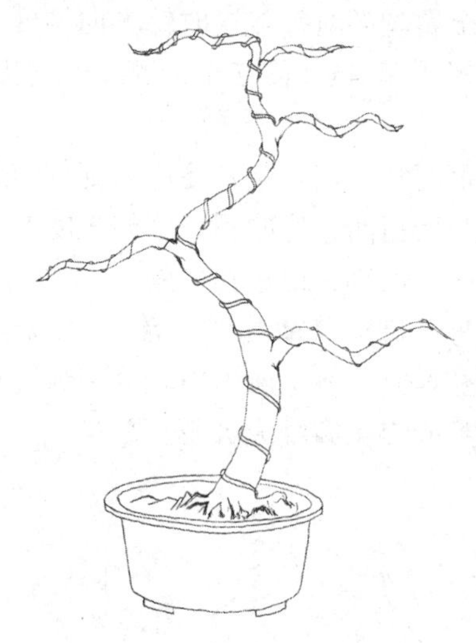

图 7-8　树干缠绕法

图 7-9　鞠躬式造型

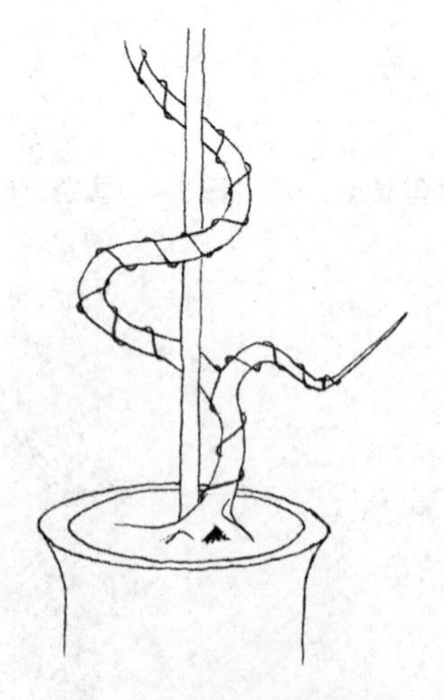

图 7-10　游龙式缠绕法

图 7-11　游龙式造型

第四，蟠扎后的管理。蟠扎后2~4d要浇足水分，避免阳光直射，叶面每天喷水，若枝干有伤口则两周内不宜吹风。蟠扎后粗干要4~5年才能定型，小枝要2~3年才定型。定型期间视生长情况及时松绑，老桩1~2年松绑，小枝1年松绑，否则金属丝嵌入木质部会造成枯枝或者死亡。解除金属丝要自上而下，自外而内(与缠绕的方向相反)。

第五，盆景实例赏析。鞠躬式造型盆景与游龙式造型盆景在实际生活中应用较为广泛(图7-12、图7-13)。

图7-12　鞠躬式盆景
(摄自如皋人民公园)

图7-13　游龙式盆景
(收藏于歙县多景园)

(2)金属丝非缠绕造型：其与金属丝缠绕造型在绑扎技巧上有所不同。金属丝非缠绕造型，是将与树干相同长度的金属丝紧贴树干，然后用1.5倍金属丝长度的尼龙绳将树干与金属丝紧紧地缠绕在一起。尼龙绳缠绕时与金属丝缠绕的方法相同，以45°角按顺时针或逆时针方向进行缠绕，绑扎稳固后开始拿弯造型。

金属丝非缠绕造型的优点是不损伤树皮，宜操作，减少了后期金属丝拆除的烦琐过程。

(3)大枝辅助拿弯：较粗的大枝拿弯比较困难，可以采取辅助方法进行。

①使用辅助工具(拿子、木棍、竹竿等)进行牵拉弯曲，达到逐步分布弯曲的目的。

②使用锯、刀、凿等工具在树干弯曲处以树干直径的1/3~1/2形成5~8条切口，减小弯曲的难度，达到弯而不折的目的。

③较大的枝干一次不能弯曲到位，可在弯曲1~2月后再次弯曲，逐步到位，既可防止断裂，又可弯到较大的弧度。

④生长季节，对需要弯曲的较大枝干采取反复用力的方式可软化枝干，顺利实现弯曲。

2. 修剪技艺

修剪从总体上来说可以达到消弱、矮化、调整树形的作用；从局部来说，有促进生长的作用。此外，修剪还能起到调节养分和水分运转、供应及改善通风透光条件、减少病虫害的作用。修剪贯穿盆景创作与养护的全过程，在蟠扎前根据构思可以先剪去多余的枝条，然后蟠扎，蟠扎后根据枝片构图要求，需要定期摘心、修剪。落叶树四季均可修剪，但以萌芽前修剪最为适宜，此时可以看清树体骨架，便于操作，易于造型。观花树宜在花后修剪，生长快、萌芽力强的树种，四季均可修剪。松柏类宜在冬季修剪。

3. 树干雕饰

为显示树木苍老的姿态，可以利用刻刀对树木进行雕凿加工，剥去部分树皮，甚至将树干劈一半，使其呈现出自然枯朽之态，历经沧桑之意。

(1)雕干：在树干主观赏面用刀凿挖树洞，或用木钻打些小洞，挖洞后再添加潮湿的泥土，使小洞腐烂成较大的自然洞穴，使之形成千疮百孔、疤痕累累、风残水蚀的古貌形象。

(2)锤击树干：用锤子在树干观赏面上敲击十皮，第二年便会出现疤痕的老态景观。

(3)撬树皮：在树桩生长季，于树干的一定部位用刀插进树干树皮，顺着韧皮部轻轻撬动，使树皮与木质部慢慢分离。撬动的面积不宜过大。

(4)撕树皮：强行撕下树桩上待修剪主枝的树皮，或者顺着树皮走向往下用刀刮，使树干形成舍利干，去掉树皮的部位涂以石硫合剂。

(5)劈干：用斧子或者凿子将树干一劈为二，对创伤的干面可取用少许盐酸涂抹或刀刮，使其形成自然的创面。

4. 提根

(1)深盆平栽冲水提根法：树桩栽植入盆深度以根系不露出盆面为度，在成活后轻轻撬松泥土，浇水时提高水壶浇水的落差，使水冲击树基部泥土，根桩逐渐外露，经2~3次翻盆即可使粗根裸露(图7-14)。

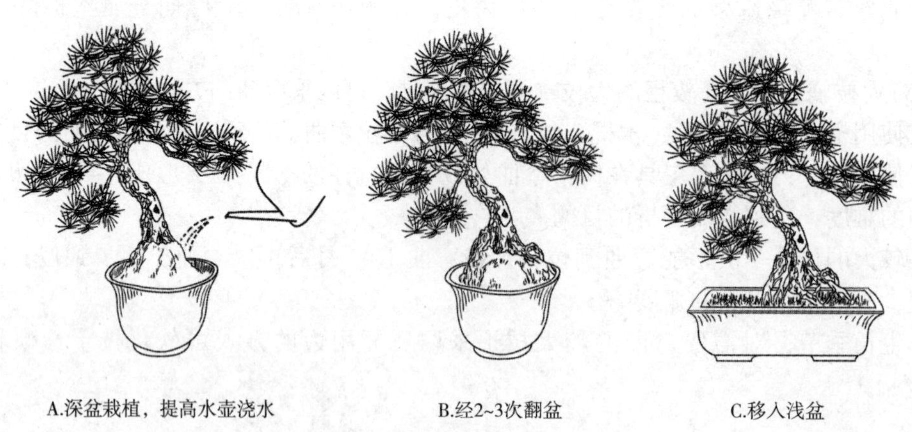

图7-14　深盆平栽冲水提根法

(2)深圆筒沙培提根法：选深40~50cm的无底筒，在筒下部填适宜深度的培养土，然后将树桩栽入，再用河沙填满圆筒并加强水肥管理，等桩根伸入培养土土层内，分3~5次扒出河沙，每次间隔半年。最后去掉圆筒，将植株栽入浅盆(图7-15)。

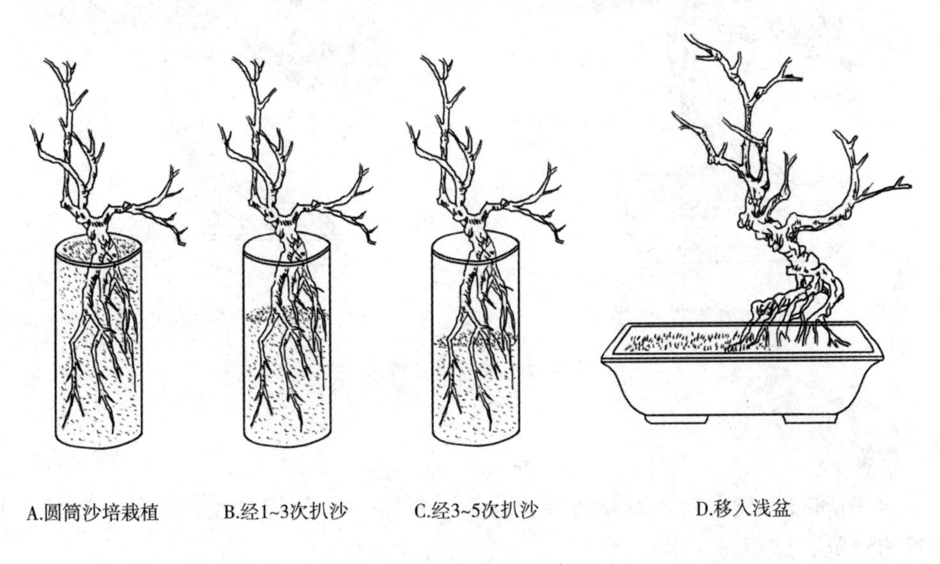

图7-15 深圆筒沙培提根法

(3)深盆高栽壅土露根法：将树桩栽于深盆中，在根部周围培以馒头形土堆，使桩根上部高出盆面而不外露。一年后自上而下层层掏去表土，以后隔半年再掏第二层，最终使上部的粗根透出土表而不伤害根系，2~3年后结合翻盆移入浅盆并逐步提高栽培高度，使粗根完全裸露(图7-16)。

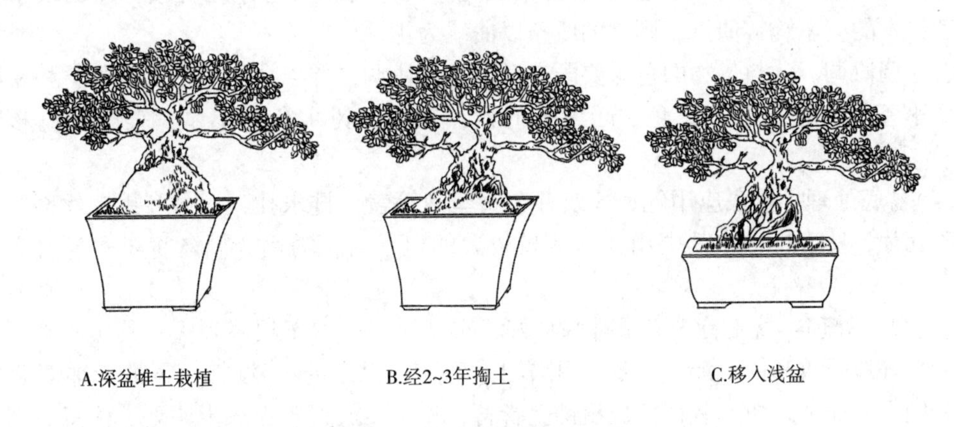

图7-16 深盆高栽壅土露根法

(4)深盆垫瓦育根法：斜干式、悬崖式露根的盆景需要有发达的水平根，可以采用此法培育根系，即当瓦盆内的土装至1/2时，在其上放置瓦片或者石子，然后放置苗木，侧根向四周伸展，再继续填土压实、浇水。后期加强水肥管理，经2~3年待换盆时将根提起栽植(图7-17)。

A.深盆垫瓦栽植

B.经2~3年移入浅盆

图 7-17 深盆垫瓦育根法

5. 上盆

上盆即给树桩选择合适的栽培容器，为景观规定一个特定的空间，使树桩给人以“缩龙成寸”的感觉，这就是上盆的意义。

(1) 选盆原则：

①大小得当 一般孤植矮壮型树木时，盆口宜小于树冠范围，盆长大于树干高度；孤植高耸型树木，盆口宜大于树冠范围，盆长小于树干高度；丛植式用盆应稍大些。

②款式相配 款式与植物整体景观相匹配。例如树木姿态刚劲挺拔，盆的线条宜刚直；若树木的姿态婉转曲折，则盆的线条以曲线为主。

③色调协调 盆与景物的色彩要既有对比又有协调，并以协调为主。例如，松柏类的树木四季苍翠，宜配上深红色、暗紫色的盆；花果类树木色彩丰富，宜搭配色彩明快的盆。

(2) 盆底处理：盆底应用碎瓦片或者金属丝网等盖住排水孔，浅盆多用铁丝网，深盆多用碎瓦片，便于排水。其中用浅盆栽植较大的树桩时，需用金属丝将树木与盆底进行固定。

(3) 盆土处理：盆土首先必须排水良好、空气流通，利于根系呼吸；其次，肥分要丰富，能良好地吸收和散发湿热。通常用壤土、腐殖土及河沙等混拌，再酌量加腐熟的堆肥，共同配制而成。树木栽植完成后铺上青苔，喷水，放置于无风半阴处，注意后期水分管理。

(四) 后期养护管理

1. 水分管理

盆景生长在有限的土壤中，易干燥缺水，故水分管理极为重要。

(1)浇灌次数：春秋季节，每日浇灌一次；夏季一天可浇灌1~2次；冬季南方2~3d浇灌一次，北方7~10d浇灌一次。

(2)浇灌方法：盆景浇水以喷洒的方式为宜。此外，为了不使盆土板结，还可以采用浸盆的方法进行，将盆景浸到淹没盆口的水池中，以达到浇灌的目的。

(3)浇灌注意事项：浇水遵循"不干不浇，浇则必透"的原则，且注意浇灌的水温与土温接近，不能因浇水引起根系温度变化，损伤根系。高温季节可将叶面喷水与盆土灌水相结合。

2. 施肥管理

(1)肥料类别：盆景施肥以有机肥为主，兼施化肥，当盆景的叶子发黄时，可适量追施氮肥或铁肥；为提高某些盆景的结果率，可追施磷钾肥。

(2)施肥方式：

①基肥　在上盆或换盆的时候，施入盆底的底肥为基肥，可以提高土壤的肥力，为盆景植物提供营养。需要注意的是所施入的基肥必须是经过腐熟的，方可使用。

②追肥　在盆景植物生长的过程中，根据生长所需补给的肥料。追肥一般使用的都是液态的速效肥料，且施肥时与灌溉相结合，遵循薄肥勤施的原则。

3. 翻盆

(1)翻盆的必要性：盆内的土壤在经过一定年限后，养分耗尽，不能满足树木生长需求时，就需要翻盆，更新盆内的土壤，增加土壤养分。此外，为了展览的需求而更换一个更雅观的盆时，也需要翻盆。

(2)翻盆时间：春季发芽前后至晚春适宜翻盆，若保留原土较多，也可随时进行翻盆。

(3)翻盆方法：盆土干湿适宜时，清除盆内四周的土壤，再将盆倒扣过来，用手轻拍盆底，将树木连根带土全部倒出来。翻盆时，若盆内须根密布，则疏剪部分密集的根系，去掉原盆内2/3左右的须根，保留少数新根再进行种植。

4. 病虫害防治

盆景树木病虫防治要遵循"预防为主，综合治理"的原则，着重于"防"，在品种、栽培、生物防治、植物检疫等措施上入手，着力从源头上杜绝病虫害的发生。当有病虫害出现时，需及时采取生物、物理、化学等防治措施进行结合治理。

5. 遮阴与越冬防寒

对于耐阴的盆景树木，高温季节应采取遮阴措施，否则会导致植株生长不良。北方地区需注意盆景的越冬防寒问题，可以采取风障、埋盆、覆盖薄膜等方式进行防寒保护。

四、作品与评分标准

在参观或观看一次树桩盆景制作后，由教师示范中国主要盆景流派的不同身法和枝法要领，让学生模仿。学生要掌握金属丝缠绕造型和非缠绕造型的技术要领，理解其优缺点。

每人做一个盆景作品，要求仿通派、川派、扬派、苏派、徽派等流派，按制定的评分标准，全班互评。

实习8 硬石山水盆景创作与养护

一、目的

熟悉硬石特点，理解硬石在选、软石在雕的原因；掌握硬石山水盆景的制作步骤及要领；理解硬石盆景养护的内容。

二、材料与工具

①制作台；
②盆器：大理石盆、汉白玉盆等(图 8-1)；
③石料：英德石；
④工具：云石机(金刚砂轮锯)、小山子、胶枪(图 8-2)；
⑤胶合剂：水泥、环氧树脂、建筑胶等；
⑥植物材料：小叶树种等；
⑦配件：人、建筑、动物模型、彩色粉笔等。

图 8-1　山水盆景制作常用盆器

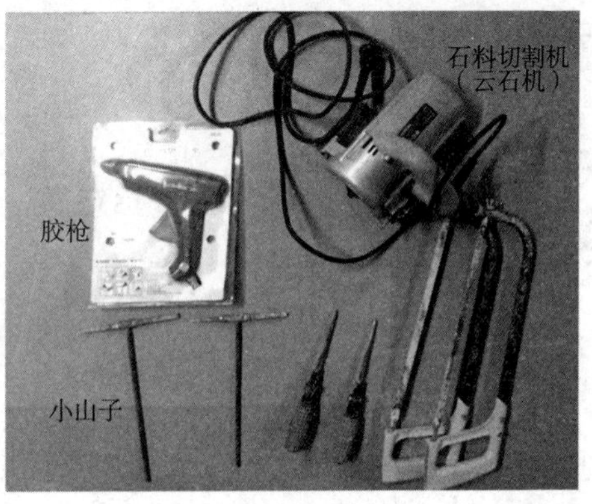

图 8-2　山水盆景制作常用工具

三、内容与方法

(一)硬石山水盆景创作

1. 构思相石

山水盆景相石构思一般包括3步：观察积累、构思灵感、选石施艺。

(1)观察积累：山水盆景的景观题材源于自然，其艺术源泉源于对自然山水景观和山石材料(纹理、形状)的感性认识的积累。

(2)构思灵感：中国山水画讲究“三远”，即高远、平远、深远，指要恰当表现出山的高度、远度、深度。制作山水盆景也应从这几点入手，结合对山水景观的感性认识，发挥一定的想象力，在表现出动势和节奏感的基础上把自然景象典型化、多层次地表现出来，产生创作灵感。

(3)选石施艺：硬石盆景重在选石。选择质地、形态、纹理、色泽符合构思要求的山石，因材施用。一盆盆景只能选择一种石料，不能混杂。硬石盆景选石主要包括2种情况：因意选石和因石赋意。

①因意选石，意在笔先　在石料有限的情况下，选用一块或几块石料，根据现有石料大小、形态特点进行创作，表现主题思想。对现有石料应扬长避短，把具有自然纹理、丘壑以及外形美观的一面作为正面，形态较差的一面作为背面。

例如，表现形如斧峭、壁立的石林景观，选用坚硬的斧劈石、木化石较好；表现庐山、太行山一类具块状节理的景观，选用具明显横纹的砂片石、千层石较好；表现黄山、华山等垂直节理明显的断块山景观，选用石质坚硬、纵横多皱的锰矿石较好；表现岛屿肌理选用英德石和卵石较好。

②因石赋意，立意在后　硬石不宜雕琢，在硬石石料较多、形状较好的情况下常用该方法。首先选出作为主峰的山石，然后再挑选与主峰纹理、色泽、质地相同的山石做次峰或配峰。挑选山石时，注意挑选比例大小协调，具有瘦、透、漏、皱特点的山石。

2. 布局

根据构思利用选中的山石进行布局。布局则有以下4种基本造型：单峰、双峰、三峰、群峰。

布局要有空间意识，即在立面上确定山形峦向，分出石脉、路径、坡脚，预留种植穴，安排好比例尺；在平面上确定山、水、楼阁寺观、桥梁、人物、车舟的位置。

布局要运用透视原理，焦点透视和散点透视相结合，即把狭小的盆景空间划分成若干区段，取得扩大景深的效果，在水平方向安排适当的层次(近、中、远)来表达作品意境。在垂直高度上，上、中、下利用山石肌理、洞空、崖、畔及植被、青苔等做竖向层次的点缀处理，左、中、右利用半石、豆石做小礁、舟、榭、桥等并以此分隔水面，前、中、后利用山峰势态、大小和纹理变化做远近的纵向或横向的层次安排。

山水盆景造型的布局遵循以下 5 条原则。

(1) 置阵布势："主次分明、远近有序"，先确定主山位置，利用客山衬托主山，然后决定远山与近山的形式，最后利用小礁、小树烘托高山的巍峨，利用帆影、小礁烘托湖面的辽阔。达到远看有气势，近看有细节，整体与局部统一的效果。

(2) 虚实相生，繁简适宜：在景物处理上近山为实，轮廓纹理要精细具体；远山为虚，纹理朦胧，色彩也偏淡雅。

(3) 动静互衬：水动山静、树动石静、人动物静，均衡动势、寓动于静。

(4) 比例尺度得宜：遵循"丈山尺树寸马分人"的比例要求，盆器、主景、配件的体量要适应。忌配件与配石过大。

(5) 景物含蓄，耐人寻味：布局要考虑构图、意境。忌主体离心或偏中，忌布局过满、过散或过空，重心不稳、宾主不分、有实无虚。

石料加工前先绘制出设计草图，经教师指导后动手制作。

3. 锯截与雕凿

(1) 锯截：操作前确定锯截线，硬质石料可用浸水法、沙埋法和目测法等确定锯截线。主峰高度一般是盆器直径的 1/3~1/2，特殊的例外。

对于硬质石料，锯截前用绳子把要锯截的山石固定牢固，利用金刚砂轮锯切割机进行锯截，锯截时尽量不损坏山石边角，锯截后尽量使底部平整。

对于不方便锯截的特大块硬质山石(除石灰岩类山石)，可利用热胀冷缩原理，先将山石加热，再浇冷水，使山石产生裂痕，通过敲击将大块山石分成小块。

可将小石料锯截成薄厚不同的多片，用于充当平台、山脚等。

(2) 雕凿：硬质石料不易雕凿，应在选石上多下功夫，常常不雕或仅作辅助。无论是否雕琢都应留有固定配件的平面。

硬石雕琢应利用石料的天然纹理，在原有纹理基础上稍加补充、夸张即可。运用皴法雕凿时，注意近景、中景、远景的透视效果。

4. 组合

每加工完一块山石，应将其在盆中摆放看看实际效果，再进行加工修改。组合的内容包括两方面：小石拼大石和景象体系的组合。

(1) 小石拼大石：目的是为了对山体加宽、加厚、加高等。例如，主峰过矮且无大石料时，可拼接一块底石以增高；主峰无层次变化时，可在其侧面拼合峰石使之高低错落；主峰过瘦可拼接一片石加厚；表现悬崖时，可拼合一块倒挂石；表现洞穴时，可在两石中间夹一悬石等；山峰补脚、固定也需拼接。

拼合时注意接石的质地、颜色、皴纹及轮廓一致，皴纹线的伸展方向应一致。拼合完成的石块可用铁丝固定，以便胶合。

(2) 景象体系的组合：组合时要按照构图设计进行，遵循统一与变化、均衡与动势等盆景构图的一般原理。组合完成后，记下各景物之间的相对位置并绘出平面草图，以备胶合时按图施工。

5. 拼接胶合

(1)胶合前对胶合面做预处理：用钢丝刷清洗干净胶合面，对过于光滑的表面应做磨毛处理，以保证胶结牢固。洗净后待稍干不流水时即可进行胶合。

(2)石间拼接胶合：根据构思，利用黏合剂将山石胶合在一起，保证吻合部接触紧密，黏合剂不外露。将山石胶合后，应用绳子捆绑牢固，视黏合部位进行支撑固定，一般支撑固定时间在7~14d不等。

可用水泥胶合法和环氧树脂胶合法进行胶合。水泥胶合即用高标号水泥加入细砂作为胶合剂，拼接硬石时一般不掺或少掺沙子；环氧树脂胶合常用于微型山水盆景，要求拼接时断口严实合缝。接缝处理要与石料协调，可用颜料调色勾缝，也可用同样的石粉撒在胶面上。

(3)硬石固定胶合：胶合时将山石直接粘在盆面上，按实。当山石不能立住时，应给予支撑，如石底边缺口较大，可添加碎石块。黏牢后撤去支撑物。同时，应注意不能让胶合剂污染盆面，要及时擦净。

(4)养护：胶合后必须在一定时间内进行保湿养护，不可在烈日下暴晒，以免影响胶合强度。

6. 修饰

(1)钢刷修饰：硬石雕凿后容易留下人工痕迹，一般常用钢刷刷去痕迹，使得过渡自然。

(2)涂鞋油：对于加工痕迹有碍观赏的部分，可用毛笔蘸取鞋油在加工痕迹上涂抹，涂抹时宁淡勿深，可多涂抹几遍。

7. 装饰

(1)种植绿化：可通过附着法、造洞栽树法等栽种植物。

附着法：根据山峰形态大小、构图需要确定栽植位置，根据拟植树木大小挑选大小适宜的双层塑料窗纱，敷上双层纱布，纱布上放一层培养土，把树木放在塑料窗纱上包裹好，固定到山峰背面，使得从主要观赏面观赏时树木枝条处于合适的位置。

造洞栽树法：当山峰观赏面山石纹理形态美观时，在山峰背面造洞；当山峰下部山石不美观，或山峰由上下两块山石拼接而成时，可用纹理形态较美观的小石在山峰前造洞，遮丑扬美。

(2)配件点缀：在山水盆景中点缀配件应注意以下几点：

①突出意境　配件要与盆景表达的意境、表现地区的风土人情相符合。

②数量适宜　微型、小型山水盆景一般点缀1~3件，大中型点缀3~4件。

③比例协调　掌握“丈山尺树寸马分人”的比例，近大远小。

④位置固定　选择适当的位置，并根据配件材质选择不同黏合剂。

⑤景物、盆钵、配件色泽协调。

8. 题名

题名应根据形式和内容的要求，语言力求精炼、活泼、新鲜、富于个性。常用方法有以下几种。

(1)依形题名：按盆景形象题名。如《凤鸣》《奔驰》等。

(2)依意题名：按盆景立意题名。如《丰收》《复苏》等。

(3)依诗题名：用诗词佳句题名。如《秋思》《疏影横斜》等。

(4)依画题名：根据名画画意题名。如《刘松年笔意》《唐寅笔意》等。

(5)依文题名：以文史、典故题名。如《断桥残雪》《西游记》等。

(6)依景题名：以风景名胜题名。如《桂林山水》《万里长江》等。

(7)依树题名：以树名、花名题名。如《岁寒三友》《四君子》等。

(8)依时题名：从现代汉语中提炼富有时代精神的题名。如《复兴》《起航》等。

注意题名应含蓄，忌直露；应切景，忌离题；应诗情画意，忌平庸一般；应形象化，忌概念化；应有声有色，忌平淡无光；应有动感，忌死板；应精炼，忌烦琐；应突出特点，忌面面俱到。

(二)硬石山水盆景养护

1. 浇水

硬石山水盆景上的植物所需水分只能从山石洞穴中不多的土壤中获得，夏天应经常向盆内浇水以及向栽种的植物上喷水，向盆内或山石上浇水时做到水流细、速度慢、次数勤3点。

定期清洗盆器，若长时间未清洗造成了严重的水渍污垢，可用细砂纸打磨后再清洁。

2. 植物养护

与桩景的养护管理相似。

(1)施肥：因土壤有限且不便于换土，为保证山石上栽种的植物花艳果硕、叶片青翠，应适时施肥。最好施用稀薄腐熟的液肥，可适量添加除臭剂。施肥应少量，具体施肥次数、施肥量、施肥时间根据树木品种、大小、季节灵活掌握。

(2)修剪：为避免山水盆景中植物生长过大而破坏景物造型，应及时修剪，同时减少施肥量。对于山石上栽种的生长较快的植物，每30d左右修剪一次；对于生长缓慢的松柏类，可3~4个月修剪一次。

(3)遮阴：在夏季和初秋，应将山水盆景置于荫棚内，避免植物受到强阳光的照射。同时，为保持一定湿度，应及时浇水。

(4)防寒：因山水盆景上栽种的植物根系浅，耐寒性不如地栽，秋末或冬初需采取防寒措施。

四、作品与评分标准

每人一个作品，按制定的评分标准，全班互评。评分标准见表 8-1 所列。

表 8-1　山水盆景制作考核项目及评分标准

序号	测定项目	评分标准	满分	检测点					得分
				1	2	3	4	5	
1	选材	选材得法，有较强选择石料的能力	15						
2	加工	山形纹理生动、优美，符合主题要求，主峰、配峰、山脚搭配适宜，材料利用率高	30						
3	布局	主次分明，疏密有致，藏露结合，富有变化，和谐统一，比例协调	30						
4	点缀	石树配合得当，姿态呼应，配件安放合理，比例得当，能突出主题	15						
5	题名	立意深邃，命名切合	10						

注：制作材料硬石、软石皆可，硬石盆景重在选石。

实习9 软石山水盆景创作与养护

一、目的

熟悉软石特点，掌握软石重雕不在选的道理。掌握软石山水盆景的制作步骤，重点掌握软石山水盆景的皴法。

二、材料与工具

①制作台；
②盆器：大理石盆、汉白玉盆等；
③石料：软石或泡沫砖(又称为加气块，具有环保、经济、造型容易等优点)，也可选用其他软石材料；
④工具：钢锯、手锯、小山子；
⑤胶合剂：水泥、环氧树脂、建筑胶等；
⑥植物材料：苔藓类、小叶树种等；
⑦配件：人、建筑、动物模型、彩色粉笔等。

三、内容与方法

(一)软石山水盆景创作

1. 构思相石

软石盆景重点在雕琢。软石山水盆景选石分为两种情况：因意选石和依图施艺。

(1)因意选石，意在笔先：根据要表现的景观不同，选择具有相应特点的石材。如表现江南土层深厚、植被茂密的褶皱山，可选用吸水长苔的砂积石等；表现雪山可选用海母石；表现雨山、逆光山可选用疏松、深色、易吸水长苔的木炭等。

(2)依图施艺，随心所欲：对浮石、海母石、砂积石等软石，可根据山水造型的设计图纸随意雕琢造型，限制性较小。

2. 布局

与硬石盆景的布局原理一致。

3. 锯截与雕凿

(1)下料：对于软质石料可用锯完成下料工作。

根据选用的盆器大小确定山峰高度，量好尺寸，做好标记，避免盲目施工。可按照构思布局竖于与盆钵大小相近的沙堆或报纸上，按照设计图式调整好山石的位置，寻找最佳划线部位。

锯截前用绳子把要锯山石固定牢固，锯截时尽量不损坏山石边角，锯截后尽量使底部平整。

(2)雕凿：盆景雕琢借用中国画的皴法。山石的凹凸皱纹成为皴，表现皴的技法称为皴法。皴法主要分为“面皴”“线皴”“点皴”三大类。

面皴包括斧劈皴、铁刮皴等，适合于表现陡峭、草木稀少的山岳。

线皴包括披麻皴、折带皴、卷云皴、荷叶皴等(图9-1至图9-4)。线皴适用于砂积石、海母石、浮石等。

点皴包括芝麻皴、豆瓣皴、钉头皴等，适合表现石骨坚硬而表面有毁坏点的变质岩山岳或土石山岳。点皴适用于砂积石、鸡骨石、芦管石等。

对于无明显纹理的软质石料，雕琢时运用皴法极易奏效。加气块就需要先粗雕，再精雕。

图9-1　披麻间斧劈皴法

图9-2　乱柴乱麻二石皴法

图 9-3 折带皴法

图 9-4 荷叶皴法

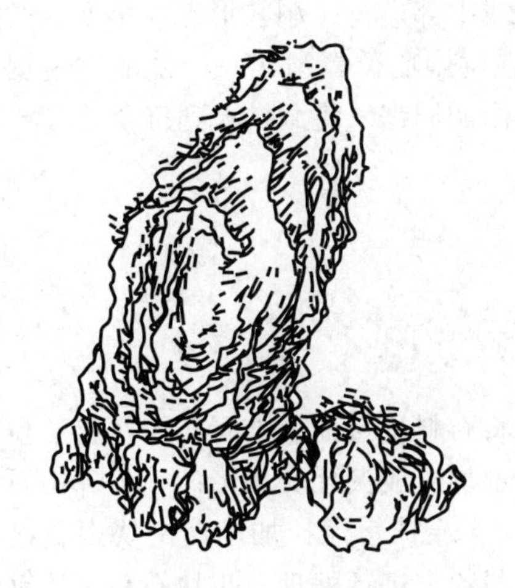

图 9-5 刘松年皴法

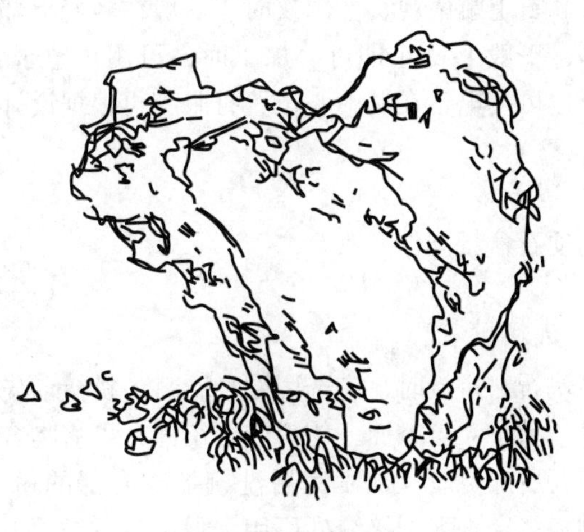

图 9-6 大斧劈皴法

图 9-7 小斧劈皴法

粗雕：即大轮廓雕琢。根据设计图纸，可先用平口凿或小斧头砍凿出大致轮廓，再进行细部加工，雕琢皴纹。

精雕：即细部雕琢。工具多选用小山子、螺丝刀、钢锯、雕刻刀等。对不同石料分别对待，应根据其软硬程度掌握用力大小和走刀方向。对于有天然皴纹可保留的石料，加工时应使人工雕凿纹理与天然纹理协调一致。一般石料主要加工观赏面，可考虑加工侧面，一般不加工背面。在峰峦上雕琢纹理时应自上而下，在山脚处雕琢时应自下而上。

雕凿使用钢凿和小山子，凿时适度用力，让凿子随皴纹移动，宜轻不宜重，勿操之过急造成石料碎裂。

皴纹的雕琢要繁简适当。同一座山，正面宜繁，侧面、背面宜简；同一盆景内，近山宜繁，远山宜简。皴纹深度要有变化，主纹深，侧纹浅；山凹处深，山脊上浅。

在软石上雕凿栽种植物的洞穴时，一般在峰峦下部进行，雕凿时使洞穴肚大口小，在有利于植物生长的同时也利于观赏。

在软石上雕凿观赏性洞穴时，一般在峰峦下部或中部进行。洞穴形态应多变，凿洞不可过多，一般1~2个即可。加工时，可用小錾子在洞中心位置凿出一个能放进钢锯条的小洞，也可用电钻在洞中心位置打眼，再根据设计向四周锯，将洞扩大到符合要求。

4. 组合

同硬石盆景创作。

5. 拼接胶合

多块石料拼接时，应选用同种石料。拼接前先将石料拼接面上的青苔、污物、粉尘洗刷干净。为扩大接触面，使得胶合牢固，可将吻合部加工成犬牙交错形态，下部山石应比上部山石更加宽厚。加工完后洗刷掉吻合部的粉末，涂抹水泥，加压使两块山石接触紧密，刮掉多余水泥，接缝处可用水泥调色或撒原石料粉末进行处理。小块石料可用钢丝固定，大块石料或多块石料组合可用绳子固定，悬崖石或重心不稳的石料应给予支撑。胶合后进行保湿养护，使水泥凝固。

6. 修饰

软石山水盆景可着色修饰，可用墨绿、赭石色着色显露皴纹，表现特定环境。

7. 装饰

(1)种植绿化：可通过凿洞栽树法、生苔法等栽种植物。

①凿洞栽树法　在石料雕琢加工时，根据立意在日后栽种植物的位置凿出大小适宜的洞穴，洞穴应肚大口小。

②生苔法　分为快速着苔法和自然生苔法。

快速着苔法：将青苔贴在山石凹陷处，放置于蔽荫背风处，保持盆内水分充足，环境潮湿，青苔便可正常生长。

自然生苔法：将盆景于雨季放置在树荫下或潮湿环境中，保持山石潮湿，不用采取其他措施即能生苔，常见于芦管石和浮石等制成的山水盆景。

(2)配件点缀：同硬石山水盆景。

8. 题名

同硬石山水盆景题名。

(二)软石山水盆景养护

同硬石山水盆景养护。

四、作品与评分标准

评分标准见表9-1所列。

表9-1　山水盆景制作考核项目及评分标准

序号	测定项目	评分标准	满分	检测点					得分
				1	2	3	4	5	
1	选材	选材得法，有较强的选择石料的能力	15						
2	加工	雕琢、锯截、胶合手法熟练，加工细腻，山形纹理生动、优美，符合主题要求，主峰、配峰、山脚搭配适宜，材料利用率高	30						
3	布局	主次分明，疏密有致，藏露结合，富有变化，和谐统一，比例协调	30						
4	点缀	石树配合得当，姿态呼应，配件安放合理，比例得当，能突出主题	15						
5	题名	立意深邃，命名切合	10						

注：制作材料硬石、软石皆可，软石盆景重在雕琢。

实习10 商品盆景的市场调研与制作

一、目的要求

通过调查市场上销售的各类盆景的营销情况，了解现阶段商品盆景的市场需求信息，熟悉常见盆景风格类型的特点，体会盆景分类的必要性，学会盆景市场调查与分析的方法，并根据市场调研结果分析客户需求，制定适宜的商品盆景制作标准，完成盆景作品的设计、创作。

二、市场调查的内容与方法

(一)市场调查内容与方法

实习采取分组形式进行，每组5~8人，根据预先拟定的实训内容，分工协作完成各类信息的拍照、记录、整理工作；全班各组尽量分散在市场内不同区域，调查完成时可赠予被访者实训前预先约定的小标志物(比如一支鲜花)，避免信息样本的重复。对花卉市场销售的树木盆景、山水盆景、树石盆景等各类盆景的种类、规格、类型、销量等进行调查。对消费者需求信息进行调查。具体内容见表10-1至表10-3所列。

通过问卷调查、实地调查、测量记录、拍照等方式完成相关资料的收集。在指导教师讲解的前提下，仔细观察现场实物，对树种、石种要认真识别，结合资料图片对盆景的风格类型进行认真判别，对盆景的大、中、小尺寸要测量记录，细心体会各种式样造型的基本方法；问卷调查根据预先拟定的问卷表格，每类应选择不少于20个样本完成问卷，尽量做到提问简洁明了，占用每位被访者的时间尽量不超过3~5min。

(二)市场调查材料及设备

①卷尺，用于拍照的手机等设备；

②记录本、调查表格、各类盆景样式典型特征的实物照片。

每个经销摊位为一个调查样本，每一类样本数不少于10处。

桩景类、山水类、草本类盆景调查问卷表见表10-1至表10-3所列，销售商信息调查见表10-4所列。

表10-1 桩景类调查问卷表

经营方式	主营 ( )	兼营 ( )	客流量 (30min)	3人以下 ( )	3~8人 ( )	10人以上 ( )
盆景类别及占比、销售情况	岭南派 (%)	浙派 (%)	海派 (%)	苏派 (%)	杨派 (%)	通派 (%)
	川派 (%)	徽派 (%)	其他 (%)			
	销售最好的类别		1.	2.	3.	
	销售不良类别		1.	2.	3.	
盆景尺寸	微型 (%)	小型 (%)	中型 (%)	大型 (%)	特大型	
	销售最好的尺寸		1.	2.	3.	
桩景树种	树种名称	选用频度	树种名称	选用频度	树种名称	选用频度
	1.		5.		9.	
	2.		6.		10.	
	3.		7.		11.	
	4.		8.		12.	
盆钵类型、材质及占比	1. (%)		2. (%)		3. (%)	
	4. (%)		5. (%)		6. (%)	
几架类型、材质及占比	1. (%)		2. (%)		3. (%)	
	4. (%)		5. (%)		6. (%)	

表10-2 山水类、草本类调查问卷表

经营方式	主营 ( )	兼营 ( )	客流量 (30min)	3人以下 ( )	3~8人 ( )	10人以上 ( )
样式类别及占比、销售情况	山水类	水石型 (%)		旱石型 (%)		水旱型 (%)
	草木类	苔藓类 (%)		开花草本 (%)		多肉类 (%)
	销售最好的类别		1.	2.	3.	
	销售不良类别		1.	2.	3.	

（续）

盆景尺寸	微型 （ %）	小型 （ %）	中型 （ %）	大型 （ %）		
	销售最好的尺寸		1.	2.	3.	
山石材料	名称、类别	选用频度	名称、类别	选用频度	名称、类别	选用频度
	1.		4.		7.	
	2.		5.		8.	
	3.		6.		9.	
盆钵类型、材质及占比	1. （ %）		2. （ %）		3. （ %）	
	4. （ %）		5. （ %）		6. （ %）	
几架类型、材质及占比	1. （ %）		2. （ %）		3. （ %）	
	4. （ %）		5. （ %）		6. （ %）	

③经销商、消费者相关信息调查问卷表。

每类调查样本数不少于10人次。

表10-3　消费者调查问卷表(随机访问市场内的消费者)

年龄段	25岁以下（ ）	25~45岁（ ）	45~60岁（ ）	已退休（ ）	
文化程度	本科以下	硕士	博士	园艺、园林、艺术类专业背景　是( )否( )	
职业特征	企业类( )	事业单位( )	政府机关( )	文教类( )	商业服务业( )
盆景购买意向　是( )　否( )	购买类型	桩景类（ ）	山水类（ ）	草本类（ ）	
购买盆景尺寸	小于10cm( )	10~40cm（ ）	40~80cm（ ）	大型（ ）	
盆钵、几架材质	塑料、橡胶类( )	陶瓷类( )	天然石材类( )	随意（ ）	
影响购买的因素	不喜欢这种风格( )	价格偏高（ ）	不了解养护方法（ ）		
	运输不便（ ）	其他：			
如果提供盆景管护养护方法，能更吸引您购买吗？	能（ ）	不能（ ）	无影响( )		
依照消费者购买盆景意向的偏好(桩景类或山水类)，向其展示不同风格流派具有典型特征的盆景照片，请消费者选择最喜欢的3个作品并记录	1.	2.	3.		

表 10-4 销售商调查问卷表

年龄段	25 岁以下 （ ）	25~45 岁 （ ）	45~60 岁 （ ）	已退休 （ ）
文化程度	本科以下	硕士	博士	园艺、园林、艺术类专业背景 是（ ）否（ ）
销售经营年限	3 年以下 （ ）	3~5 年 （ ）	5 年以上 （ ）	刚开业 （ ）
制作生产盆景并销售（ ）		仅销售盆景 （ ）		
本店主营盆景类型		桩景类 （ ）	山水类 （ ）	草本类 （ ）
经销商选择盆景进货最关注的问题				
消费者询问最多的问题				
展示不同风格流派具有典型特征的盆景照片，请商户根据其个人销售经验选择最受欢迎的 3 个作品并记录		1.	2.	3.

④调查市场中常见盆景材料、工具、配件信息，分为树种类、石材类、盆架配件类、制作工具 4 类，各自列表记录信息，注意收集具体尺寸并配照片。

三、树石盆景的创作

(一) 构思

树石盆景创作力求源于自然、高于自然，创造美的境界，突出主题。

(二) 布局

树石盆景的布局讲究疏密有致，即“密不透风，疏可走马”。树石盆景中大树与小树、大石与小石、树与石的布局，最忌均、齐、平，忌等高、等宽、等长、等分、等面积、等距离。树石盆景中的树木布局应注意树与树的宾主关系，应有主、次、配之分，数量上以奇数为主，植物的栽植要注意大统一、小变化。

(三) 选材

制作树石盆景的材料主要有树木、山石、配件、土、盆、几架等，其中以树木和山石最为重要，因为盆中表现主体是树木和山石。

树石盆景选材的重点是树木和山石，创作之前必须认真挑选、仔细准备，如没有合适的树木和山石，不要勉强动手，以免空耗时间和精力。

1. 树木

树石盆景选用的树木应是在盆中养护数年，经造型修剪基本成型的树木，枝叶茂盛，形态以自然大树形最好，形态不宜太奇特。树木造型满足基本使用造型。造型以剪为主，以扎为辅，粗扎细剪，尽量避免过度的变形和人工痕迹，使之达到合乎自然的效果。

树石盆景多选用多株合植造景，并与山水、陆地等配合，构成一个和谐的整体。因此，同一盆中树木的风格必须统一协调，每株树不追求个性造型，应注重互相和谐搭配，注重整体效果。有些树木单独种植时会有不同的缺陷，但在树石盆景中，可以通过巧妙的组合、恰当的布局、精心的加工，将树木山石协调结合，达到整体造型。

树石盆景一般选用浅盆，而栽种树木的旱地部分一般较小，盆土较浅。而种植在石洞山穴中或种植在山石缝隙间，土使用更少。所以在选用树木时应挑选侧根发达的植株，这样的树木制作成树石盆景后易于成活，树形稳定，有老树之相。

常用的树种有松柏类中的五针松、罗汉松、金钱松、水松、真柏、刺柏、地柏、黑松等；杂木类中的雀梅、榔榆、三角枫、鸡爪槭、九里香、福建茶、柽柳、小叶女贞、对节白蜡、黄杨、六月雪、虎刺、红枫、凤尾竹、云杉、柳杉、紫竹等；花果类中的紫薇、石榴、火棘、金弹子、杜鹃花、贴梗海棠等(图 10-1)。

根据主题表现的需要选择不同的树种。如主题为“流水”“竹林”，可以选用凤尾竹、紫竹等竹类植物；如主题为“古木”“浓荫”等，就可以选用长势良好的榔榆、雀梅、六月雪等植物；如要表现“寒林”或“冬山”等，则可选用落叶的三角枫、石榴、对节白蜡等；如表现主题是“硕果”“秋艳”等，则可选用金弹子、火棘等观果植物；如主题为“黄昏”或“夕阳”“红叶”等，就可以选用鸡爪槭、三角枫、红枫等植物；如主题是“岁月”“沧桑”等，则首选五针松、刺柏、圆柏等松柏类植物。总之，选择与表现题材相适宜的树种，可达到事半功倍的效果。

2. 配件

配件是指安置在树石盆景中的人物、动物、建筑、舟楫等一些除树、石、土之外的点缀品(图 10-2)。虽然它们在盆中仅起点缀作用，而且体量也不大，但在树石盆景中常常起到重要的作用。

图 10-1　榔榆作为植物材料的盆景

图 10-2　常用配件

在树石盆景中，配件的作用格外重要，因为树石盆景多表现范围较大的景观，以及生活气息较浓的题材，它离不开建筑物，离不开人的活动，所以必须在盆中点缀配件，来帮助其表现特定的题材，增添作品的观赏内容，加深作品的含义，从而使作品产生一种亲切、自然、和睦、融洽的氛围，使观赏者与盆中的景物产生交流、共鸣，进而接受它、喜欢它。

在树石盆景中，通过配件的安置，可以丰富内容，增添生活气息，有时还能体现时间、季节，展示地域、环境、时代等。配件虽然很小，但能起的作用却很大，它可以帮助盆景表现特定的题材，增加观赏内容，创造优美的画境和深远的意境，有画龙点睛之妙。

配件在作品中还有比例尺的作用。根据配件大小，就可以估计出景物的大小，配件越小景物越大。另外，通过安放配件，利用其近大远小的透视原则，对于表现景物的纵深感也是极为有利的。

配件的摆放要根据盆景的题材、布局、石料、树木等因素综合考虑选用。一般来说，配件的数量宜少不宜多，体量也要大小适宜，色彩宜清淡，风格宜自由，否则会喧宾夺主，冲淡主题。

配件有陶质、瓷质、石质、金属质等数种不同质地的材料。其中以陶质为好，不怕水湿和日晒，不会变色，质地与盆钵及山石易于协调。陶质配件有上釉和不上釉之别。上釉者又分为单色和五彩两种。至于何种质地配件最为恰当，使用时可酌情选用，总之要求自然、纯朴、协调。

树石盆景中常见的陶质或其他质地的配件有以下几类。

(1)人物类：此类配件在盆景作品中使用最多。主要有农夫、樵夫、渔夫、牧童、士大夫等(图10-3)。姿态有独立、独坐、对弈、对读、对酌、读书、弹琴、吹箫、垂钓、骑牛等。人数有单人、双人、三人、四人等。

图10-3　人物类配件

(2)动物类：主要有牛、马、羊、鸡、鸭、鹅、鹤等，其中以牛、马运用为多。动物的姿态有立、卧、仰、睡多种多样，还有静止和动态之分(图10-4)。

图10-4　动物类配件

图 10-5　建筑类配件

图 10-6　舟楫类配件

(3)建筑类：此类配件多与人物一起搭配使用。主要有茅屋、茅亭、瓦屋、榭、石桥、木桥、竹桥、水坝、古塔等(图 10-5)。

(4)舟楫类：此类配件是水旱类树石盆景必用之物。主要有帆船、橹船、渔船、渡船、竹筏等(图 10-6)。

在选用以上各类质地配件外，作者还可以根据作品主题的需要采用木、竹、石等自然材料，自己动手制作一些配件，如茅屋、凉亭、石板桥、竹木桥、帆船、竹筏以及各种牛、马动物等，以使作品中的配件在大小、造型、色泽、姿态等方面更能符合创作意图，使创作的树石盆景作品更具个性和欣赏价值。据说，赵庆泉大师创作的成名作《八骏图》中的八匹姿态各异的骏马，就是作者本人根据作品创作主题和立意，自己动手精心制作而成的。这些配件的成功应用，使作品取得了意想不到的效果，堪称树石盆景成功应用配件的典范之作。

3. 土

树石盆景中的植物栽种在极浅的大理石盆中，周围仅用一些山石和青苔拦住，盆中能存土的地方很浅很少。有的树木则栽种在山石洞穴和山石缝隙中，而这些地方能存土的范围更少，要使这些树木存活并生长良好，对土的质量要求也较高。

树石盆景的用土必须具有良好的通气、排水、保水性能，另外最好稍微有一点黏性。因为树石盆景中的用土，不仅要有储存养分、供应水分的功能，满足植物生长的需要，同时也是塑造景物的材料。盆中高低起伏的地形，也要靠土来塑造。因此，制作树石盆景所选用土的好坏就显得非常重要。

树石盆景的用土，可以就地取材，也可以自己配制培养土。配制培养土的材料一般为山土、菜园土、田泥土和未腐烂的植物残余，如泥炭、草根、腐叶土等。将生产和生活中

的一些废弃物加以粉碎，也可以作为培养土材料，如树叶、松针叶、锯末、稻草等，还有各种饼肥和动物粪肥，这些材料经混合后堆制腐熟，再混以一定比例的壤土，即可配制成培养土(图 10-7)。

图 10-7　常用营养土

4. 盆

树石盆景与其他树木盆景的最大区别是所用盆均是浅盆(图 10-8)。由于选用的浅盆更易凸现盆中水面坡岸的布置和树木主景的展现，而较浅的盆则仅仅起到了衬底的作用，也可以说在某种程度上仅类似于画纸而已，而使盆中的景物似“画”，表现出作品的诗情画意。

过去制作水旱类树石盆景时多选用树木盆景中的浅盆，如紫砂陶盆和釉陶盆(图 10-9)，主要是为了便于栽种植物、贮水及养护。目前，随着树木养护技术的提高，在较浅的盆中，或是在自然石板上栽种植物仍能生长良好，故现在大多采用山水盆景所用的浅口大理石水盆，并且以石质的为多。也有用极浅的紫砂树木盆。

图 10-8　浅口大理石水盆

图 10-9　紫砂浅盆

由于盆较浅，盆土极易收干，故一般不须开排水孔。如选用的浅盆规格过大，而中间盛土部分所占比例较大，则可在确定其布局以后，在准备栽种树木的地方钻 1～2 个排水孔以利于排水。

盆的形状主要有长方形、椭圆形、腰圆形、船形、圆形以及异形(即各种不规则的自然形)等，其中以长方形、椭圆形最为常见和适用，并以造型简洁、明快为好，不宜有烦琐的纹饰或复杂的线条。具体作品用什么形盆应根据景物造型的需要而定，因为盆是为了造景需要服务的。盆的色彩通常以白色居多，也有灰白、淡蓝、淡绿、淡黄、黑色、桃红等。选用时可根据作品表现的内容及山石的色彩而定，如表现春、夏、秋、冬四季景色，宜选用白色；表现大海，则可用淡蓝色；表现湖水，可用淡绿色；表现夜景，可用黑色；表现雪景也可用黑色。主要以能衬托出主景为依据，盆的质地以大理石、汉白玉等为好，较浅的釉陶盆和紫砂盆也可以用，制作超大型树石盆景时也有用水泥盆。采用自然石板加工而成的水盆，形状可根据作者的意图随意加工，形状不规则而富于变化用作树石盆景很具特色，这种盆虽无盆沿，不可贮水，但可以做出“旱盆水意”来，另有一番景致。至于造景时所用盆的长宽之比，一般以 2∶1 为宜；也可根据所表现景物的深度来选择，有时为了表现特别深远的景物，就必须选用正圆或正方形盆，使盆的长宽之比达到 1∶1。而用盆的大小与景物高度之间，也没有固定的比例，都必须根据作品艺术表现的需要来确定。

5. 几架

几架是中国盆景的重要组成部分，有“一景，二盆，三几架”之说。树石盆景也不例外，一件上乘盆景配以造型别致优美、做工精细大小款式得体的几架，则相互衬托、相映生辉，更显高雅(图 10-10)。而树石盆景能用的几架与山水盆景大致相同，一般采用桌案式中的书卷架或四组的小架，多为红木质地，不高。如采用落地式几架时，也需在盆底下放置四只一组的小架，使盆底与桌面脱离，可以使盆中景物凸显，达到一种绘画般的效果。其高度须在观赏者的视平线之下，使盆中的水面旱地与树木均被观赏到，才能体现作品的艺术效果。

图 10-10　常见几架

几架样式很多，大小不一，根据几架放置的地方，可分为落地式和桌案式两类。

(1)落地式：几架比较大，也较高，直接放在地面上，在其上再摆放盆景，故称为落地式。常用落地式几架有方桌、圆桌、长方桌、方高架、圆高架、高低联体架等，有木质、竹质、天然树根、陶质、水泥、金属等多种。

(2)桌案式：几架体积较小，需放在桌案上，再置放盆景，故称为桌案式。这种几架在陈设盆景时也是用得最多的一种。常用桌案式几架有圆形、方形、椭圆形、长方形、两搁架、书卷架、高低联体架，四只一组小架。

(四)创作方法

1. 以石为主缀树法

此法用于表现自然神韵。赋顽石以生机，借以调节构图重轻，增添画面效果。

①山顶植树法(又称为根穿石型)　峰状、岭状之石，植以直干之树，以示其雄。如《泰山青松》(图 10-11)。多用于近景。

岩状之石植以悬崖树相，以示其险。如《枫桥夜泊》(贺淦荪作，图 10-12)。

②山麓植树法　用于表现“高远法”“平远法”，以显高下之分，远近有别，加

图 10-11　《泰山青松雪景》

强层次感和空间感。如《更立西江石壁》(田一卫作，图 10-13)。

图 10-12 《枫桥夜泊》

图 10-13 《更立西江石壁》

③倚石布树法　用于表现石景。以石为主，以树为反衬，以示刚柔相济、雄秀结合之美。如《福建茶倚石图》(摘自《青松观盆栽》，图 10-14)。

④全景布势缀树法　用于全面经营位置，协调重轻，渲染隽秀、刚柔，增添整体效果。如《丛林狮吼》(殷子敏作，图 10-15)。

图 10-14 《福建茶倚石图》

图 10-15 《丛林狮吼》

2. 以树为主配石法

用于美化树的鉴赏效果，既可扩大景观，增添野趣，又可扬长避短，突出主体，刚柔相济，巧拙互用。

①配石法　用于近景。相依生情，倍展天趣。也常为主干欠佳，根理不全之树，作遮掩、协调，增添观赏效果。如《云蒸霞蔚》(朱子安、朱永源作，图 10-16)。

②以石藏干法　用于近景。作用与配石法相近。用于主干欠佳、细长无力之遮掩，以扬长避短，宛若岭上树生，独具天趣。

③包干法　用于近景、中景。以石全面包藏树干，作用与藏干法相近。借以达到多角

度观赏效果。如《雀舌罗汉松》(朱宝样作，图 10-17)。

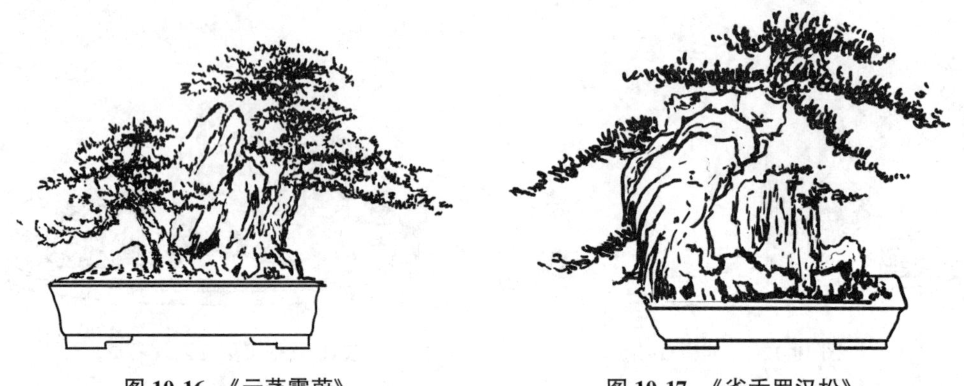

图 10-16 《云蒸霞蔚》　　图 10-17 《雀舌罗汉松》

④附石法　此法有三，用于近景。树根附于石隙者为附石法。如《福建茶附石》(杨锡拈作，图 10-18)。根穿石内者为穿石法。如《雪压冬云》(贺放芬作，图 10-19)。根包石外者为骑石法。如《松石图》(贺淦荪作，图 10-20)。皆用以展示树根之美、树石结合之妙和树性顽强拼搏之神，以及展观栽培技艺之功。

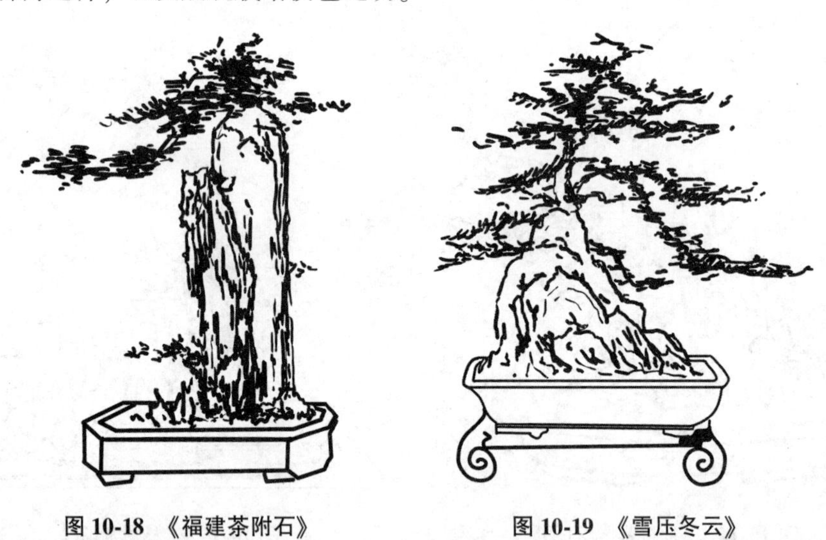

图 10-18 《福建茶附石》　　图 10-19 《雪压冬云》

⑤点石法　用于近景和全景之布局。在配石的基础上，增添点石布局，用以扩大景观，调节重轻。注意疏密相间、聚散合理、远近有序、大小相配。给人以平远清逸、野趣天成之感。如《鸟鸣山更幽》(朱儒东作，图 10-21)。

⑥水陆法　又称为水旱式，用于近景和全景。是在配石、点石的基础上发展起来的。以石筑岸，水陆两分，岸上植树，临水清逸，富于天趣。四川盆景常用此法，如《嘉陵渔趣》(重庆市园林处作，图 10-22)。

⑦水陆布石法　用于全景布局。即将水陆法、点石法融于一体，广布点石。布于树下是为石，增添山岗韵味；点于水中是为渚，丰富溪涧效果；置于远处是为山，深化空间关系，全面展现自然景观。现代树石盆景常用此法，如《南国牧歌》(冯连生作，图 10-23)。

图 10-20 《松石图》

图 10-21 《鸟鸣山更幽》

图 10-22 《嘉陵渔趣》

图 10-23 《南国牧歌》

⑧夹岸水陆法　用于全景。在水陆布石法的基础上，以石筑岸，分陆地为两岸，中为溪涧，夹岸绿云绕绕，溪河上或架小桥，或置轻舟，别是一番田园情趣。此法开创现代树石盆景的新格局，如《八骏图》(赵庆泉作，图 10-24)。

图 10-24 《八骏图》

⑨夹坡公路法　用于全景。在夹岸水陆法的基础上，变溪河为公路，两旁乔木参天，公路车声隆隆，反映出建设进入山冈的时代风貌。此法探索现代树石盆景创新之路，如《我们走在大路上》(贺淦荪作，图 10-25)。

⑩石座法　此法用于将造型完整之树木盆景置于与之相适宜的石座上，使艺术整体相协调，从而产生景与座、树与石的呼应关系和内在联系。如《衡山画意》(朱子安作，图 10-26)。

3. 以石为盆植树法

用于近景和中景。强化树石结合，走向自然景观的艺术效果。如树有飘逸之姿、清新之韵，石有浑浊之势、阳刚之美，树石结合神韵天成。

图 10-25 《我们走在大路上》

①凿石为盆法　用于近景和中景。采用吸水石，凿穴植树，置于水盆。石头吸水，根附石内。符合自然生态和天然之理，不用水盆，也能观赏。如《岩松图》(陈顺义作，图 10-27)。

②云盆法　用于近景或全景。直接采用溶岩“云盆”植树。小者如同写意画小品，巧拙互用，宛若天成。大者富有山乡野趣。如《春到山乡》(贺淦荪作，图 10-28)。

③景盆法　用于近景、中景和全景。是依树习性、长势、阴阳向背，以石绕树，造景为盆而不见盆，树石相依，景盆结合，相映互补，浑然一体。它是现代树石盆景造型的基础之一，也是组合多变的单体造型之基础。如《骏马秋风塞北》(贺淦荪作，图 10-29)。

图 10-26 《衡山画意》

图 10-27 《岩松图》

4. 树木相依，组合多变法

此法创意为先，以动为魂、依题选材、按意布景、形随意定、景随情出、多法互用、相辅相存、式无定型、不拘一格。如《风在吼》(贺淦荪作，图 10-30)。

图 10-28 《春到山乡》

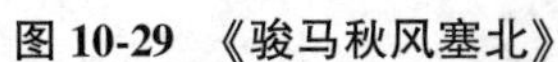

图 10-29 《骏马秋风塞北》

图 10-30 《风在吼》

四、作业与评分标准

市场调研环节结束后返校，全班汇总数据并分类整理，对数据进行统计分析，分析结果结合课程教学环节中针对各类盆景制作技艺的讲授，讨论制定出商品盆景的制作技术规程及品鉴评分标准。

每人制作完成一个树石类盆景作品，参照制定的评分标准，全班互相评鉴打分，并讨论作品的优缺点。

参考文献

曹明君，2015. 树桩盆景实用技艺手册[M]. 北京：中国林业出版社.
陈锦昌，陈旭东，2004. 浅谈盆景展览艺术设计[J]. 广东园林(3)：47-48.
傅姗仪，2002. 中国盆景[M]. 上海：上海科学技术出版社.
郝平，张盛旺，张秀丽，2010. 盆景制作与欣赏[M]. 北京：中国农业大学出版社.
金柏苓，1996. 北京市植物园盆景园设计解析[J]. 北京园林(4)：16-22+49.
柯周荣，2011. 广州市流花湖公园园林植物配置研究[D]. 广州：华南理工大学.
林鸿鑫，陈习之，林静，2004. 树石盆景制作与赏析[M]. 上海：上海科学技术出版社.
马文其，2001. 山水盆景制作及欣赏[M]. 北京：中国林业出版社.
彭春生，2002. 中国盆景流派技法大全[M]. 南宁：广西学技术出版社.
彭春生，2018. 盆景学[M]. 4版. 北京：中国林业出版社.
沙钱孙，封云，1988. 桂林盆景园的规划设计[J]. 中国园林(1)：2-6.
上海市盆景赏石协会，2005. 中国海派盆景赏石[M]. 上海：汉语大词典出版社.
石万钦，马文其，2009. 现代盆景制作与赏析[M]. 北京：北京林业出版社.
苏本一，马文其，1997. 当代中国盆景艺术[M]. 北京：中国林业出版社.
苏本一，2004. 盆景制作与养护[M]. 北京：中国农业出版社.
唐吉青，2009. 盆景展览的那些事——琐碎记录的整理[J]. 花木盆景(盆景赏石)(9)：9-11.
汪彝鼎，2009. 中国山水盆景[M]. 上海：上海科学技术出版社.
王又晨，2015. 盆景园景观规划设计初探[J]. 艺海(3)：105-106.
韦金笙，李何，2004. 论中国盆景园建设[J]. 中国园林(7)：64-66.
韦金笙，2004. 韦金笙论中国盆景艺术[M]. 上海：上海科学技术出版社.
韦金笙，2018. 中国盆景名园藏品集[M]. 合肥：安徽科学技术出版社.
俞慧珍，盛定武，2004. 山水盆景制作与养护[M]. 南京：江苏科学技术出版社.
张重民，2018. 四川盆景艺术[M]. 合肥：安徽科学技术出版社.
赵庆泉，2008. 中国水旱盆景[M]. 上海：上海科学技术出版社.
仲济南，王志英，2004. 山水盆景制作技法[M]. 合肥：安徽科学技术出版社.
曾丽梅，黄彩萍，廖庆文，2003. 广州市流花湖公园主要景观的园林艺术[J]. 热带林业(3)：18-20+23.

附　录

附录 1　中国主要树木盆景形式图

连根式　双干组合式

丛林式　一本多干式

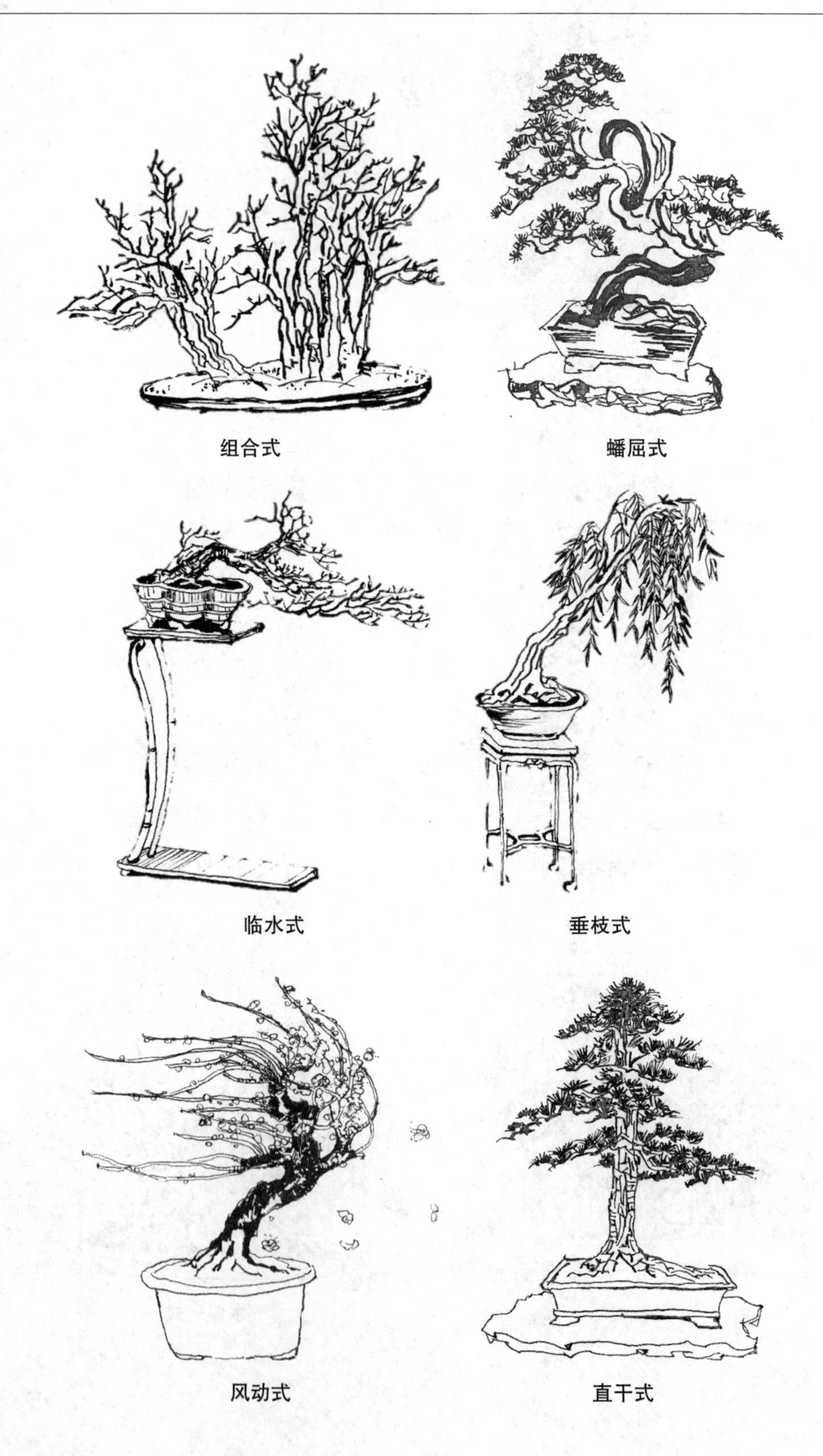

组合式　　蟠屈式

临水式　　垂枝式

风动式　　直干式

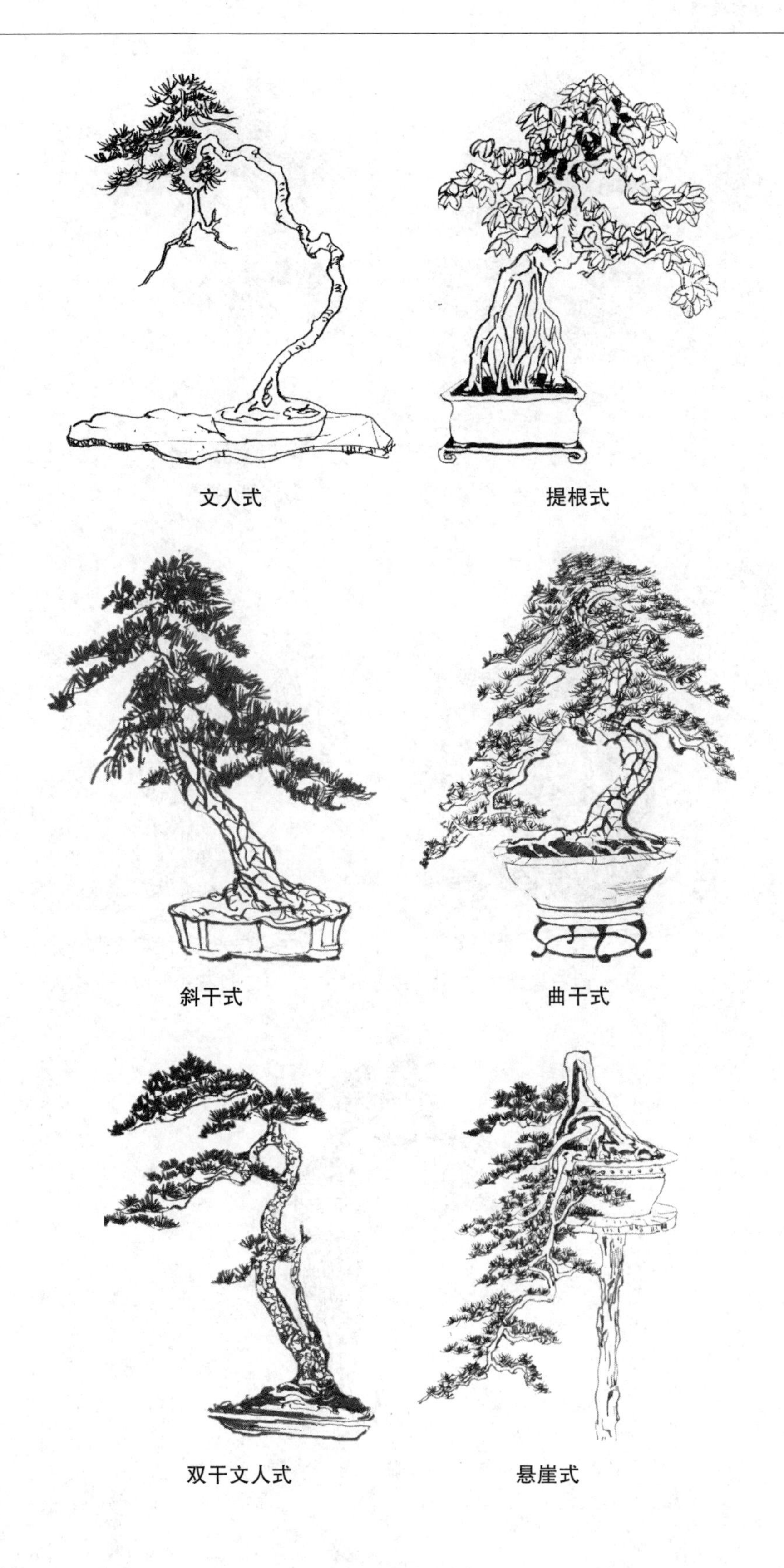

文人式　　提根式

斜干式　　曲干式

双干文人式　　悬崖式

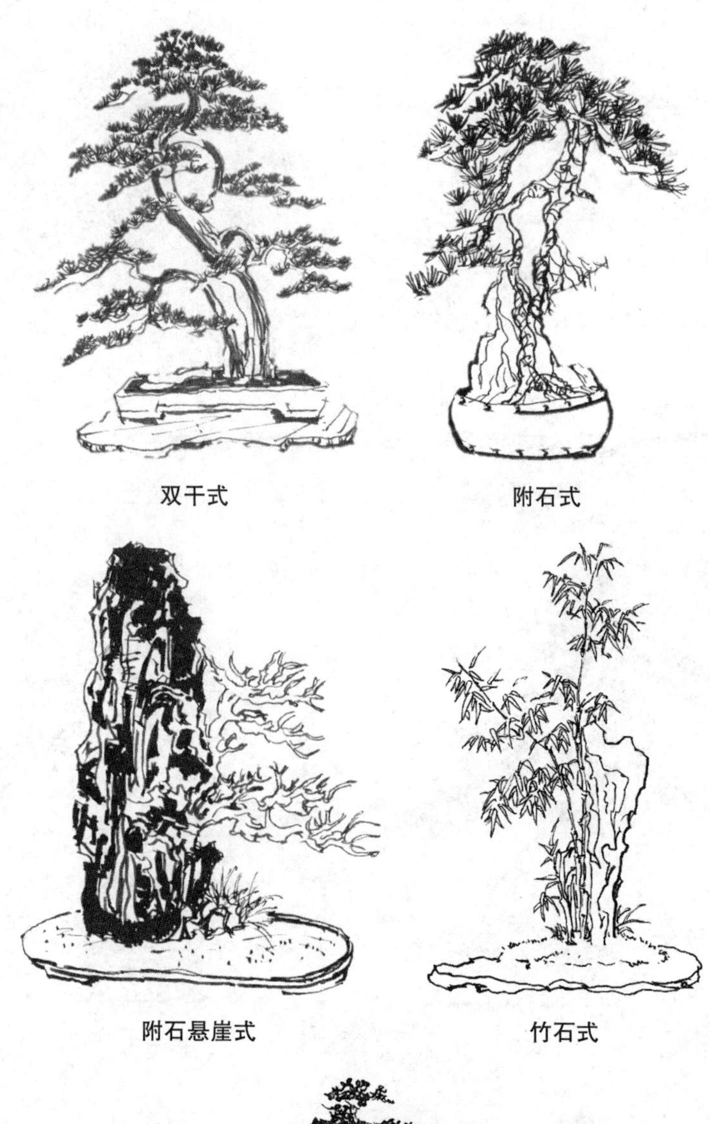

双干式　　附石式

附石悬崖式　　竹石式

双干临水式

附录2 “2019北京世界园艺博览会”盆景精品展览优秀作品选录

作品名：《爱的呼唤》
树种：对节白蜡
类别：根连式树木盆景
尺寸(cm)：85×58×88

作品名：《苍龙奔江》
树种：九里香
作者：杜建坤
类别：大悬崖式树木盆景
尺寸(cm)：飘长115

作品名：《起舞弄轻姿》
树种：大阪松
作者：朱松
尺寸(cm)：150×120×110

作品名：《淦溪九曲》
树种：对节白蜡
作者：冯连生
类别：水旱式盆景
尺寸(cm)：50×80×60

作品名：《古朴雄风》
树种：朴树
作者：王景林
尺寸(cm)：120×85×110

作品名：《古梅春晓》
树种：雀梅
作者：熊志荣
尺寸(cm)：146×81×96

作品名：《公孙乐》
树种：雀梅
作者：罗汉生
类别：文人树型树木盆景
尺寸(cm)：70×70×113

作品名：《雄奇朴茂》
树种：三角枫
作者：刘胜才
类别：树木盆景
尺寸(cm)：105×80×76

作品名：《黄山情》
树种： 木麻黄
作者： 赵德良
类别： 树木盆景
尺寸(cm)： 110×65×120

作品名：《回眸一笑满园春》
树种： 三角梅
作者： 陈昌
尺寸(cm)： 190×120×120

作品名：《喜迎五洲宾朋》
树种： 旬子
作者： 熊芳
类别： 树木盆景
尺寸(cm)： 70×60×60

作品名：《岁月无痕》
树种： 三角枫
作者： 娄东升
类别： 树木盆景
尺寸(cm)： 58×35×45

作品名：《君子之风》
树种：山橘
作者：罗小冬
尺寸(cm)：90×40×100

作品名：《老雀》
树种：雀梅
作者：朱国伟
类别：异型水旱式盆景
尺寸(cm)：80×51×80

作品名：《老仙耸立》
树种：锦松
作者：椎野健太郎
尺寸(cm)：160×120

作品名：《龙凤呈祥》
树种：五针松
作者：张文浦
尺寸(cm)：140×105×102

作品名：《情系大地》
树种： 雀舌罗汉松
作者： 顾长柏
类别： 疙瘩式树木盆景
尺寸(cm)： 150 ×85 ×90

作品名：《松风邀月》
树种： 五针松
作者： 刘洪生
尺寸(cm)： 88 ×108

作品名：《天趣》
树种： 真柏
作者： 陈富清
尺寸(cm)： 100 ×68 ×100

作品名：《亭前今日柳又青》
树种： 对节白蜡
作者： 陈智勇
类别： 垂枝式树木盆景
尺寸(cm)： 80 ×80 ×120

作品名：《王者至尊》
树种： 香楠
作者： 陈昌
尺寸(cm)： 180 ×110 ×120

作品名：《武陵源幻影》
树种： 真柏
作者：（日本）木村正彦
尺寸(cm)： 96 ×80

作品名：《舞龙摆尾》
树种： 真柏
作者： 张新平
尺寸(cm)： 85 ×85 ×80

作品名：《仙骨遗风》
树种： 九里香
作者： 李生
尺寸(cm)： 90 ×90

作品名：《小鸟天堂》
树种：山石榴
作者：谭荣华
尺寸(cm)：90×130

作品名：《雄风》
树种：真柏
作者：张新平
尺寸(cm)：140×110×110

作品名：《汉唐清韵》
树种：榔榆
作者：苏沪
类别：树木盆景
尺寸(cm)：110×80×100

作品名：《血脉相连两岸情》
树种：雀梅
作者：徐红专
类别：千层石水旱盆景
尺寸(cm)：100×60×80

作品名：《雄峙》
作者：李成翔
类别：壁挂山水盆景
尺寸(cm)：10 ×30 ×40

作品名：《一脉相承》
树种：雀梅
作者：(香港)黄就成
类别：树木盆景
尺寸(cm)：60 ×40